服装职业教育"十二五"部委级规划教材

U0241428

服装电脑款式设计
——Photoshop

Photoshop
BIAOXIAN JIFA 表现技法

马宇丽◎ 著

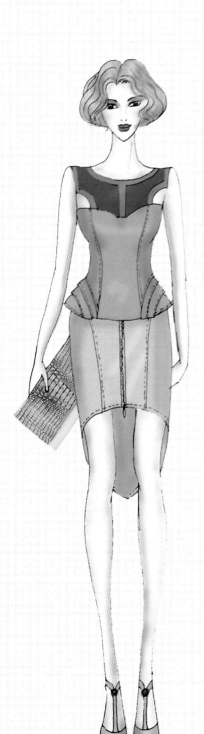

中国纺织出版社

内 容 提 要

本书采用计算机平面设计软件Photoshop进行时装效果图设计、表现的教材，采用任务式教学法，详细介绍了服装效果图的绘制方法，从线稿的处理、人物的妆容到面料绘制、扫描面料的应用等。此外，还对不同着装面料效果图作了详细讲解，由简到繁，由易到难，使读者可循序渐进地掌握绘制服装效果图的方法及要领。

本书可作为中职类服装艺术设计专业的教材使用，也可供设计人员，尤其是服装款式设计人员参考。

图书在版编目（CIP）数据

服装电脑款式设计：Photoshop表现技法/马宇丽著. --北京：中国纺织出版社，2015．7（2016.6重印）

服装职业教育"十二五"部委级规划教材

ISBN 978-7-5180-1598-6

Ⅰ．①服… Ⅱ．①马… Ⅲ．① 服装设计—计算机辅助设计—图像处理软件—中等专业学校—教材 Ⅳ．①TS941.26

中国版本图书馆CIP数据核字（2015）第093007号

策划编辑：孔会云　　　责任编辑：符　芬　　　责任校对：王花妮
责任设计：何　建　　　责任印制：何　建

中国纺织出版社出版发行
地址：北京市朝阳区百子湾东里A407号楼　邮政编码：100124
销售电话：010—67004422　传真：010—87155801
http://www.c-textilep.com
E-mail: faxing@c-textilep.com
中国纺织出版社天猫旗舰店
官方微博http://weibo.com/2119887771
北京盛通印刷股份有限公司印刷　各地新华书店经销
2015年7月第1版　2016年6月第2次印刷
开本：787×1092　1/16　印张：8
字数：63千字　定价：48.00元

前 言

　　信息技术使人们的工作、学习与生活方式和观念发生了巨大的变化，也改变了传统行业的生产方式。作为职业学校的老师，我结合多年的电脑款式设计教学经验，编写了此书。

　　在编写本书的过程中，我深感自己的表达能力有限，难以将所掌握的知识转化为通俗易懂的文字。因此，我用大量的时间进行时装画绘制，尽量用简单明了的方法将要表达的效果表现出来，并尽可能地向读者传递准确的信息与技巧。

　　本书主要针对时装画基础薄弱的学生，着重讲解用软件绘图的技巧。Photoshop 是一款绘画工具软件，本书选取的例子更侧重实用性，将一幅时装画分成多个部分进行讲解，在细节元素如妆容、发型、服饰、面料等上都尽可能多的附上操作过程的图片，以帮助读者理解。并根据中职学生的特点，对时装画的背景及版面设计都进行了详细的讲解，对基础薄弱或没有基础的读者，具有一定的学习和参考价值。本书还根据我所在的广西地区少数民族的风格特征，对民族时装画的表现进行了分析与说明。

　　在这里需要声明的是，不要试图通过本书获取画画的方法，本书注重讲解软件绘图的技巧，哪怕你绘画基础薄弱，也能通过绘图软件绘制出时装画，形成自己的风格。

　　本书的完成不是靠我个人的力量，而是承蒙许多人的帮助，在此，向所有帮助过我的人们表示感谢。

　　感谢我的家人，他们始终是我坚实的后盾；感谢我的爱人，他是我时刻可以依靠的支柱与朋友，在我最艰难的时候一直鼓励我。最后，对亲爱的读者们表示诚挚的感谢，希望本书能对读者有所帮助。

马宇丽

2015. 2

目 录

项目一

时装效果图绘制前期处理

任务 1-1

线稿的处理

该任务是通过介绍线稿的处理方法，为后期电脑绘图做好准备。

一、任务简介

利用图片输入设备，将手绘稿输入电脑中进行线稿处理，从而得到效果图线稿；或者直接运用 Photoshop 软件中的画笔工具绘制线稿。

二、任务分析

线稿的处理是电脑时装效果图的前期准备部分，通过图片输入设备将手绘稿进行电脑后期处理；或者直接使用软件工具进行线稿绘制，都可以得到效果图线稿。

任务重点：手绘稿输入电脑的后期处理方法。

任务难点：使用钢笔工具勾线、绘制线稿的方式。

三、线稿处理步骤

1. 手绘起稿

在 A4 大小的白纸上，使用铅笔绘制出效果图的线稿，利用拷贝纸或者拷贝箱重新细致地描绘一幅。为了保证后期绘图的顺利，绘制时，要保证线条的准确性和画面的整洁。

2. 图片输入

目前，常用的输入方式有扫描仪输入和照相机输入两种（图 1-1）。

扫描仪输入的优点主要表现在能够高度保持原画的准确性，照相机输入是在没有扫描仪的情况下较为便捷的方式。随着智能手机的普及，通过智能手机的照相功能也可以达到。但是需要注意的是，由于拍摄角度的不同，画面透视会出现变形。

使用照相机拍摄画面的时候要保持相机与图画成直角，保证画面全部拍摄在内［图 1-1（c）］；如照相机与画面成非垂直状态，则画面就会出现近大远小的透视效果［图 1-1（d）］。

3. 线稿的处理

手绘的线稿不论以哪种方式输入都不能直接使用，需要进行适当的处理，这样才能保证后期绘画的顺利。

（1）照相机输入线稿的处理。照相机拍摄的黑白线稿整体色调偏暗，这是因为成像效果会有中间亮四边较暗的画面效果（图 1-2）。

具体操作如下：

①执行"图像→调整→曲线"命令，在弹出的曲线对话框中，单击曲线，向上或向下

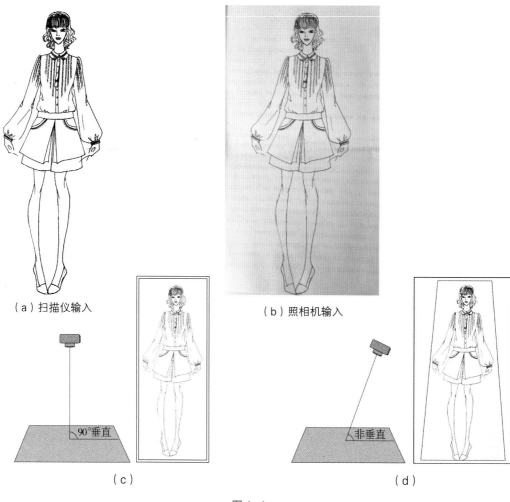

（a）扫描仪输入　　　　　　　　　　（b）照相机输入

（c）　　　　　　　　　　　　（d）

图 1-1

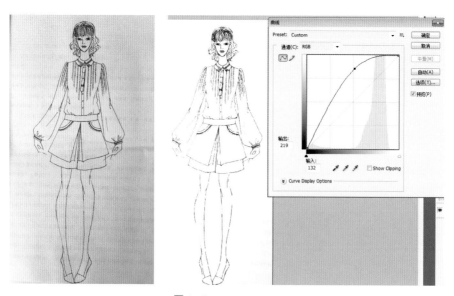

图 1-2

调整，将画面整体色调调亮（图1-3）。

②可多次使用曲线命令，调整线条颜色的深浅，直到达到满意的效果为止。如觉得效果不够好，还可以执行"图像→调整→亮度/对比度"命令，在弹出的"亮度/对比度"对话框中调整（图1-4）。

（2）扫描仪输入的图像调整方法与照相机输入的图像调整方法相同，只是基本上使用一次曲线命令即可完成调整，操作更加简单。

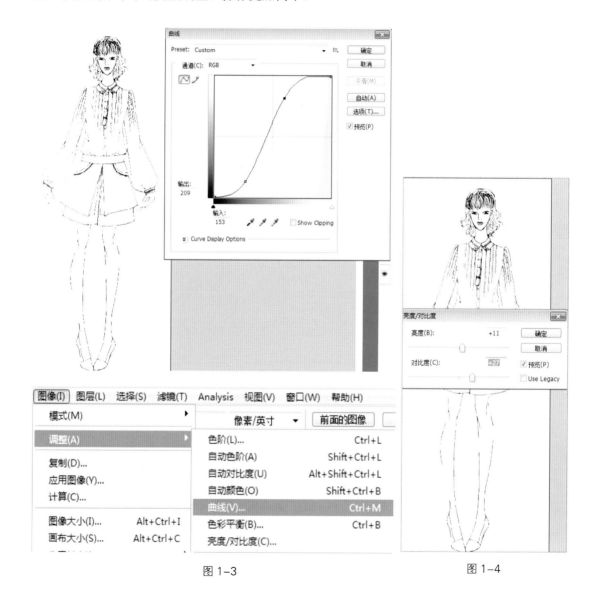

图1-3　　　　　　　　　　　　　　　　　图1-4

4. 细节的调整

经过调整后，手绘稿会损失部分像素，因此需要对细节进行调整，可以使用画笔工具完成（图1-5）。

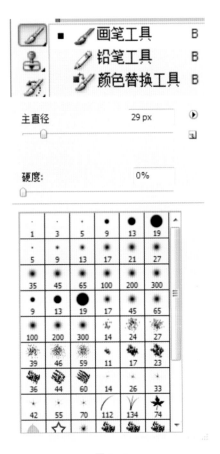

图 1-5

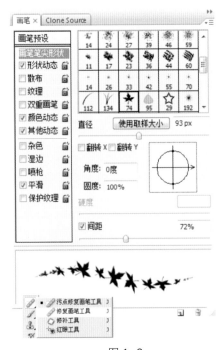

图 1-6

画笔工具是 Photoshop 软件中最为常用的工具之一。主要的笔刷分为硬边笔刷和柔边笔刷。选择画笔工具后在图画中单击鼠标右键,弹出画笔面板,可以根据绘图的需要选择自带的一系列画笔。

按键盘上的 F5 键,弹出画笔预设对话框,可以在对话框中预设画笔形状、纹理、动态等,做出各种效果的画笔(图 1-6)。

选择修复画笔工具,在需要修补的线条完整的部分按住 Alt+ 鼠标左键,选择部分好的线条进行修补(图 1-6)。

图 1-7 中(a)为调整后的图像,由于手绘精细度有限,导致小腿处有部分线条丢失。(b)为用修复画笔修复的图像。

使用橡皮擦工具 将多余的线条以及画面中的各种脏污及杂点擦除,并用画笔工具对头发、眼睛等重要细节进行修整,完成线稿的处理(图 1-8)。

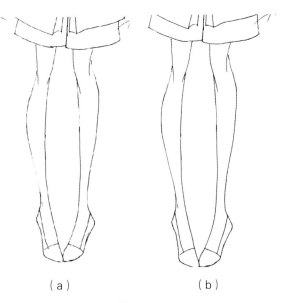

(a)   (b)

图 1-7

任务 1-1

四、在电脑中直接起稿

在电脑中直接进行线稿的绘制，这种方法适合具备一定绘画基础的设计者，而且设计者对电脑绘图方式要有一定的了解，才能进行具体实践。在此介绍中职学生较易掌握的方法。

1. 选择适合的模特动态。为了更清晰明确地看清人体的结构，可以选择泳装人体。

2. 调整图片透明度。将图片透明度调整为 65%，突出后面步骤需要描绘的人体线条。

3. 新建一个图层，将其置于人体图片的上层，使用钢笔工具沿着人体的轮廓线进行勾线，在勾好轮廓上单击鼠标右键，选择描

图 1-8

边路径　　　　　　　　，在弹出的对话框中

选择画笔　　　　　　，单击确定即

可得到描绘的轮廓线了（此处画笔的大小需要在画笔工具中提前设置好）。

4. 人体线条描绘完成后，删除参考图层即可。按住 Ctrl+T 键，拖到鼠标，整体拉长人体的各部线条，直到达到理想状态。

5. 使用选区工具选取腿部的整体线条，拉长腿部在全身所占的比例。

6. 执行滤镜→液化命令，弹出液化对话框，使用向前变形工具，对腰部和腿部的线条进行调整，使人体更加完美。

7. 也可在网上下载现成的人体模板，这对中职学生来说更加简洁方便。

8. 在人体上用钢笔工具勾画出服装的轮廓，重复步骤 3，即可得到着装的人体时装效果图。

任务 1-2

人物妆容绘制

无论何时，设计师都应该为自己的每个作品的创作构思，包括背景、图案、色彩设计等感到自豪。

该任务中将要利用钢笔工具、填充工具和加深减淡工具绘制出人物妆容效果。

一、任务简介

使用 Photoshop CS3 绘制时装效果图中人物的妆容，要求通过软件表现出时装需要搭配的妆容。

二、任务分析

人物妆容是电脑时装效果图中较为简单的部分，通过使用钢笔工具勾线，变成选区，填充颜色，并使用加深减淡工具营造出光影效果。使人物妆容绘制立体化、生动化。

任务的重点与难点：钢笔工具勾线及加深减淡工具的使用。需要重点掌握钢笔工具勾线的方法和加深减淡工具的使用方法。

三、人物妆容的绘制

1. 单击主菜单中的文件，选择新建，在弹出的对话框中设置名称为：人物头像。预设纸张及分辨率见图 1-9。

2. 在主菜单文件，点击打开，找到要编辑的图像（图 1-10）。这个图像可以自己绘制，也可以是网上下载的图像。

3. 在左边工具箱中找到 移动工具，单击打开的图像，按住鼠标左键拖到之前新建的空白图层中。这时人物头像线稿就会被拖到新建的空白图像中。找到右边控制面板的导航器，缩小图像，按下 Ctrl+T 执行命令，选中四个角的任意位置，按住 Shift 键拖

图 1-9

图 1-10

动，将选中的图像缩小至新建图像大小，再单击回车键或单击工具箱中的任意工具即可（图1-11）。

4. 单击主菜单中的图像→调整→亮度/对比度，在弹出菜单中调整亮度和对比度。或者按下 Ctrl+M，执行命令，也可以调整图像的亮度和对比度（图1-12）。

5. 在右边控制面板中找到图层1，将图层1改名为线稿，模式设为正片叠底（图1-13）。

图 1-11 　　　　　　　　　　　　　　　　　　图 1-12

6. 在主菜单→图层→新建一个图层，命名为：皮肤（图1-13）。选择工具面板上的钢笔工具，沿着人物头像中露出皮肤的部分勾画。在勾画的过程中，按住 Ctrl 键，

图 1-13

钢笔工具就变成了节点的直接选择工具，可以调整节点的位置，使勾画的路径同皮肤部分的外轮廓吻合。在两个节点之间用钢笔工具点击可以添加节点，直接点击已画节点可以删除节点。

7. 用钢笔工具画完轮廓后，用组合键 Ctrl+Enter 使路径变成选区。用吸管工具点击画布中的色板的颜色，使工具面板上的前景色变为所选肤色，然后在"皮肤"层里用组合键 Alt+Delete 进行前景色填充。用加深、减淡工具调整皮肤的亮面及暗面，做出立体感（图 1-14）。使用 Ctrl+Delete 填充背景色。

图 1-14

8. 新建图层，命名为腮红。找到多边形套索工具，设置羽化为 30，在脸上做出腮红选区，在选区内用油漆桶工具填上腮红颜色。油漆桶设置不透明度为 24%，容差为 32（图 1-15）。

羽化值可根据图像的大小设定，具体的数据只要出现腮红效果即可。油漆桶的不透明度也是根据个人的喜欢设定的。

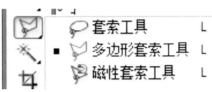

9. 新建图层，命名为嘴。用钢笔工具勾画出嘴唇的路径，用组合键 Ctrl+Enter 使路径变成选区。用吸管工具点击画布中的色板的颜色，使工具面板上前景色变为所选颜色，然后在"嘴"图层里用油漆桶进行前景色填充。用加深、减淡工具调整嘴唇的亮面及暗面，做出立体感（图 1-16）。

图 1-15

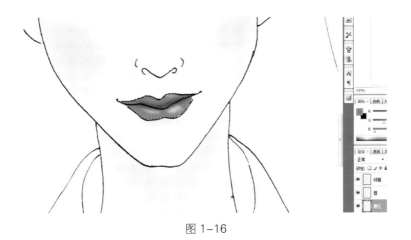

图 1-16

10．新建一个眼睛图层，用钢笔工具勾画出眼睛的路径，用组合键 Ctrl+Enter 使路径变成选区。用吸管工具点击画布中的色板的颜色，使工具面板上前景色变为所选颜色，然后在"眼睛"层里用油漆桶进行前景色填充。用加深、减淡工具调整眼睛的高光及暗面（图 1-17）。

11．新建图层，命名为眼影。在眼影图层中用多边形套索工具勾画出眼影及眼线轮廓，用油漆桶填充深蓝色。再用加深、减淡工具调整效果，完成最终的妆容绘制（图 1-18）。

图 1-17   图 1-18

四、拓展练习

按任务 1-2 中人物妆容绘制的方法，自己设计不同风格的妆容搭配。要求色彩搭配合理，绘画生动准确（图 1-19）。

图 1-19

任务 1-3

头发的绘制

　　头发的绘制是整个人物头像的重点，在相同结构、色调的面容上，不同的发型能够展现出人物完全不同的气质和风格品位。

一、任务简介

使用 Photoshop CS3 绘制时装效果图中人物的头发，要求通过软件表现出头发的层次变化、色彩明暗变化及发丝的绘制等。完成整个人物头像的绘制，展现时装的风格。

二、任务分析

头发是电脑时装效果图中较为重要的部分，使用钢笔工具勾线，填充颜色，并使用加深、减淡工具营造出光影效果，运用钢笔工具绘制发丝，表现出头发的层次感。

任务重点：钢笔工具勾线及加深、减淡工具的使用。

任务难点：光影的表现和头发层次的表现。

三、人物头发的绘制

绘制人物头发的方法有两种，为了能让中职学生更好地掌握头发绘制的方法，在此具体介绍两种方法。

（一）头发绘制方法一

1. 打开一张绘制好妆容的人物头像图片（图 1-20）。

2. 新建图层，命名为头发。

3. 使用钢笔工具勾出头发轮廓，或者使用磁性套索工具沿着头发边缘勾线，形成选区。为使头发具有蓬松感，可以选择羽化，羽化值根据设置图片的大小制订。图片分辨率大，羽化值可设置大些，如分辨率小，羽化值也相应减小。变成选区后，设置头发颜色，使用油漆桶工具填充前景色（图 1-21）。

如头发分成几个部分，想要同时变成选区，可以按住 Shift 的同时用磁性套索工具将其余的部分勾线（图 1-22）。

4. 新建图层，命名为头发阴影，选择深一些的颜色用来绘制头发的阴影部分（图 1-23）。

5. 新建图层，命名为头发高光，选择浅色来绘制头发的高光（图 1-24）。

6. 新建图层，命名为发丝。使用钢笔工具画出发丝形状，需要调整形状则可以按住 Ctrl 单击发丝，出现节点，就可以调整形状了（图 1-25）。

7. 设置画笔大小、模式及不透明度、流量（图 1-26）。

图 1-20

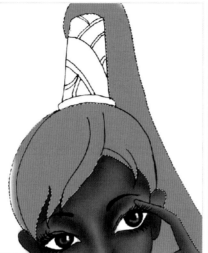

图 1-21

图 1-22

图 1-23

图 1-24

（a）调整前

（b）调整后

图 1-25

画笔： 3   模式： 正常   不透明度： 60%   流量： 81%

图 1-26

头发的绘制

8．根据设计效果设置前景色，作为发丝的颜色。可以选择深色，也可以是浅色。选择钢笔工具，将鼠标放在任意一根发丝上，单击鼠标右键，在弹出的对话框中选择描边路径（图1-27）。

9．在弹出的描边路径对话框中选择画笔［图1-28（a）］。勾选模拟压力。单击确定［图1-28（b）］。

10．在任意一根发丝上单击鼠标右键，弹出的对话框中选择删除路径，可以看到头发上出现发丝（图1-29）。

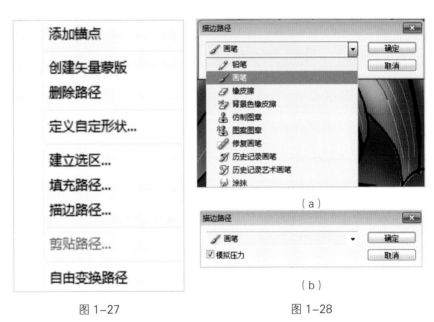

（a）

（b）

图 1-27　　　　　　　　　　　　　图 1-28

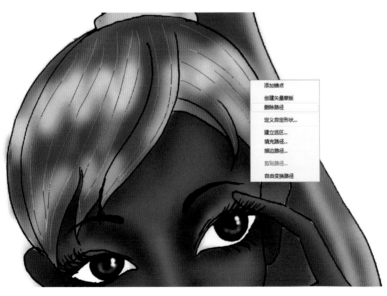

图 1-29

11. 选择橡皮擦工具，设置模式为画笔，不透明度和流量都要调小。在发丝图层涂擦，调整发丝。如觉得发丝太少，可以重复发丝绘制步骤（图1-30）。

12. 使用钢笔工具或者磁性套索工具勾出配饰，并填上颜色。使用加深、减淡工具绘制光影效果，做出立体感。完成整体图片绘制（图1-31）。

（a）

（b）涂擦前　　　　　　　　　　　（c）涂擦后

图1-30

图1-31

（二）头发的绘制方法二

1. 前三个步骤与头发的绘制方法一相同，在此略过（图1-32）。

2. 填充颜色后使用加深、减淡工具在头发上做出光影效果（图1-33）。

3. 使用钢笔工具勾出一片头发，并填充浅色（图1-34）。

4. 执行图层→图层样式命令，在弹出的对话框中勾选投影。可以看到所画的头发上出现投影，使头发出现层次感（图1-35）。

图 1-32   图 1-33   图 1-34

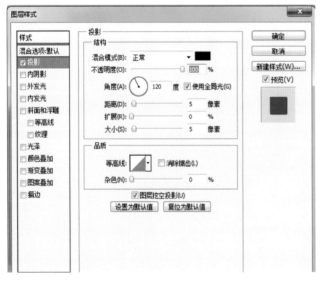

图 1-35

5. 重复步骤3、4，做出整个头部的头发效果。由于图层较多，都是表现头发层次感的部分，可以在图层里新建一个组，将这些图层都放在组里（图1-36）。

图 1-36

6. 新建发丝图层，使用钢笔工具，勾画发丝，完成头发绘制（具体可以参看方法一绘制发丝的步骤）（图 1-37）。

四、拓展练习

按任务 1-3 中人物头发绘制的方法，自己设计绘制头发。要求色彩搭配合理，绘画生动准确（图 1-38）。

图 1-37

图 1-38

任务 1-4

图层的管理

该任务是了解图层
应用，学会图层的管理。

一、任务简介

了解图层及组的概念，并学会应用。

二、任务分析

图层的概念：可以理解为一张纸上下顺序叠加而成的透明纸张。其中没有绘制的区域是透明的，通过透明的区域可以看到下面图层的内容，将每个图层中绘制的具体内容叠加起来便构成了完整的图像文件。

组的概念：一个文件所建的图层过多会对图层的编辑管理造成困难，为了有效管理图层，就可以将图层进行分组。

任务重点：图层的管理及组的应用。

三、图层的管理

1. 图层面板

每个图层都是独立的，可以针对图像的不同元素进行单独编辑与修改，不会影响其他图层的内容。在图层上还可以单独使用"调整图层""填充图层""图层蒙版"及"图层样式"等特殊功能。

在创建新图像时只是生成一个背景层。根据需要可以在图像中添加图层、图层效果和图层组。添加的数量受到计算机内存的限制。在同一个图像中，所有的图层具有相同的分辨率、通道数量以及颜色模式等图像特征。

（1）不透明度。此选项可以控制当前图层的透明度，100% 为不透明，0% 为透明（图 1-39）。

（2）锁定。完全或者部分锁定图层，保护其内容不被编辑、修改（图 1-40）。

（3）图层混合模式。在扩展列表框中，选择当前图层与下方图层之间的混合方式的选项（图 1-41）。

2. 图层管理方式

（1）选择图层。如果图像中包含多个图层，必须首先选取需要使用的图层才能将其作为工作图层进行编辑，对本图层所做的更改只影响这一图层的图像模式。另外，一次只能有一个图层作为可编辑的图像模式，这个图层的名称会显示在文档窗口的标题栏中，并且所编辑的图层会显示为蓝色状态。

图 1-39　图层面板

图 1-40　图层锁定

图 1-41　图层混合模式

（2）隐藏、显示图层内容。在不需要对某些图层上的内容进行修改时，可以将这些图层上的内容隐藏起来，只保留需要编辑的图层内容，以清楚、明确地针对所需要的内容进行修改、编辑。在图层面板中，单击图层旁边的眼睛图标可以隐藏该图层的图像内容，再次单击该处则可以重新显示内容（图 1-42）。

（a）隐藏前

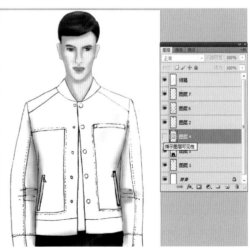

（b）隐藏后

图 1-42

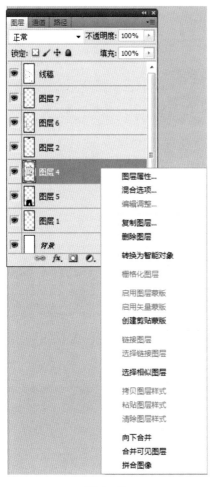

图 1-43

（3）更改图层顺序。在图层面板上排列的图层一般是按照操作的先后顺序堆叠的，当需要更改它们的上下顺序时，可以在图层面板中将图层向上或向下拖移。当显示的图层出现在目标图层或图层组的位置时，松开鼠标按钮即可。

（4）合并图层。虽然将图层分层处理使编辑内容变得较为方便，但为了图像内容的完整性，可将几个图层的内容压缩到一个图层之中。需要注意的是要参与合并的图层必须都处于显示状态。合并图层的快捷键为 Ctrl+E 键，可合并当前图层与下一个图层。在选择了多个图层的情况下，按 Ctrl+E 键可以将所有选择的图层合并为一层。此外，单击右键打开快捷菜单也可以找到合并图层的命令。合并的图层名称沿用其合并前位于最上方的图层名称（图 1-43）。

（5）图层混合模式。指叠加的图层与上层的图案像素及其下层的图案像素进行混合的方式。在两个叠加的图层中使用不同的混合模式产生的画面效果也不同（图 1-44）。

图层的混合模式能为服装效果图带来种类繁复的风格变化。

3. 图层样式

图层样式有自定义样式和预设样式两种。如果在图层上应用效果，则效果就会成为图层的自定义样式；如果储存自定义样式，该样式就成为预设样式。预设样式会出现在样式面板中，单击样式面板进行选择即可。

在图层上添加"投影、内阴影、外发光、内发光、斜面和浮雕、光泽、颜色叠加、渐变叠加、图案叠加和描边"等任何一种或多种效果都可以创建自定义样式。

（1）投影。可在图层内容的后面添加阴影。可为图层上的对象、文本或形状后面添加阴影效果。可通过改变投影参数得到需要的效果（图 1-45）。

（2）内阴影。可在对象、文本或形状的内边缘添加阴影，使图层产生凹陷效果（图 1-46）。

（3）外发光。可从图层对象、文本或形状的边缘向外添加各种发光效果（图 1-47）。

（a）　　　　　　（b）　　　　　　（c）　　　　　　（d）

（e）　　　　　　（f）　　　　　　（g）　　　　　　（h）

图 1-44　不同图层的混合模式的组合

（4）内发光。可从图层对象、文本或形状的边缘向内添加发光效果（图 1-48）。

（5）斜面和浮雕。可为图层添加高光显示和阴影，做出浮雕效果和其他纹理效果（图 1-49）。

（6）光泽。可在图层对象内部增加阴影（图 1-50）。

（7）颜色叠加。可在图层对象上叠加一种颜色，单击混合模式旁的色块，可通过选取叠加颜色对话框选择任意颜色（图 1-51）。

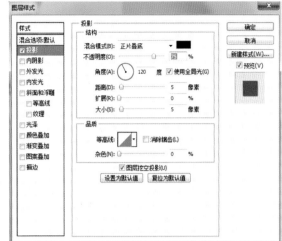

图 1-45 投影

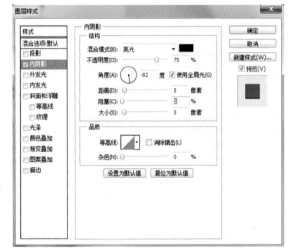

图 1-46 内阴影

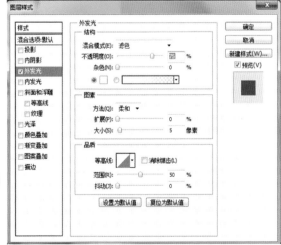

图 1-47 外发光

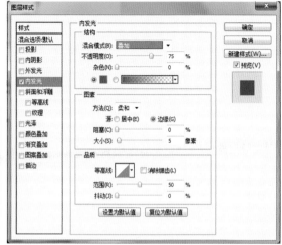

图 1-48　内发光

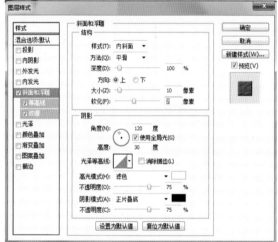

图 1-49　斜面和浮雕

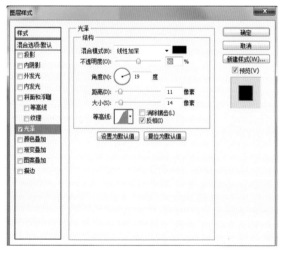

图 1-50　光泽

图 1-51　颜色叠加

（8）渐变叠加。可在图层对象上叠加一种渐变颜色，单击渐变色条打开渐变编辑器，可选择各种不同的渐变颜色（图 1-52）。

（9）图案叠加。可在图层对象上叠加图案，在图案拾取器中还可选择其他图案（图1-53）。

（10）描边。使用颜色、渐变颜色或图案描绘当前图层上的对象、文本或形状的轮廓，对于边缘清晰的形状效果尤为明显（图 1-54）。

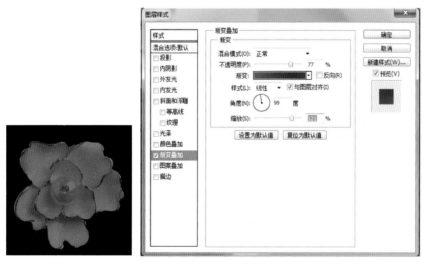

图 1-52　渐变叠加

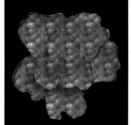

图 1-53　图案叠加

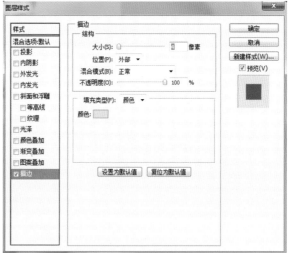

图 1-54　描边

面料制作

任务 2-1

各种面料的制作

面料是服装造型的重要元素，是服装色彩、款式等特征形式的表现载体。因此，学会制作面料是很重要的。

一、任务简介

运用 Photoshop 软件中的各种工具绘制各种服装面料，为后期效果图制作积累素材。

二、任务分析

面料制作是电脑时装效果图的必备知识，运用 Photoshop 软件中的滤镜等工具可以绘制出各种服装面料，效果逼真，在没有真实面料的情况下，制作出的电脑面料可以使效果图更加出彩。

任务重点：滤镜下的各种工具的使用方法。

任务难点：使用滤镜下的各种工具表现面料质感。

三、面料制作步骤

（一）缎面面料

1. 新建一个 300×300 的新文件，设置黑色前景，白色背景（图 2-1）。

2. 选择渐变填充工具，选择系统默认的前景到背景的渐变，模式选择差值 [图 2-2(a)]。

3. 在画布上随意拖动 5 ～ 10 步，效果如图 2-2（b）所示（拉渐变的时候需要多换几个角度，随意地拉，直到达到自己满意的效果为止）。

图 2-1

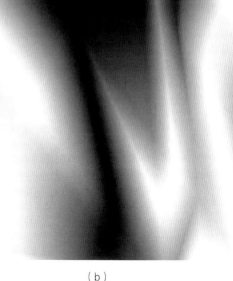

（a）

（b）

图 2-2

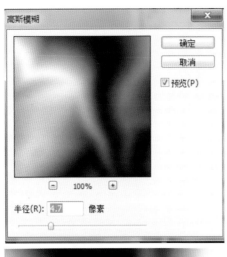

4. 执行滤镜→模糊→高斯模糊，设置如图2-3所示。

5. 执行滤镜→风格化→查找边缘（图2-4）。

6. 按Ctrl+U执行色阶命令，设置如图2-5所示。

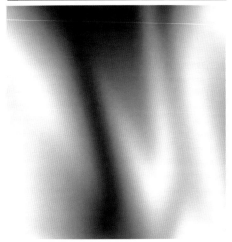

图 2-3

图 2-4

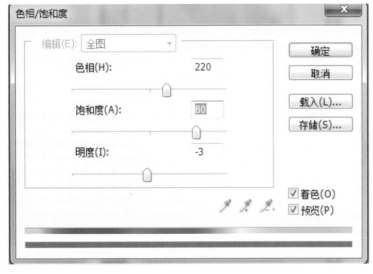

图 2-5

（二）花色面料

1．打开一张素材图片（图2-6）。

2．用磁性套索工具勾出边缘（图2-7）。

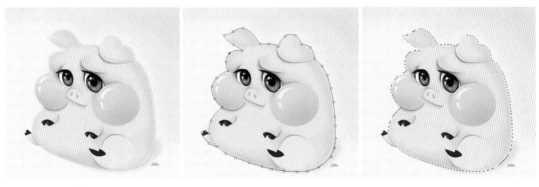

图2-6　　　　　　　　　　　　　　图2-7

3．选择→反向，按Delete键，将多余的图案删除（图2-8）。

4．在图层面板上双击图层，使之由锁定状态变成可编辑状态。使用魔棒工具，选择白色部分，按Delete键，删除白色部分［图2-9（a）］。

5．定义图案（编辑／定义图案）［图2-9（b）］。

选择(S)	滤镜(I)	分析(A)	视图(V)
全部(A)			Ctrl+A
取消选择(D)			Ctrl+D
重新选择(E)			Shift+Ctrl+D
反向(I)			Shift+Ctrl+I

图2-8

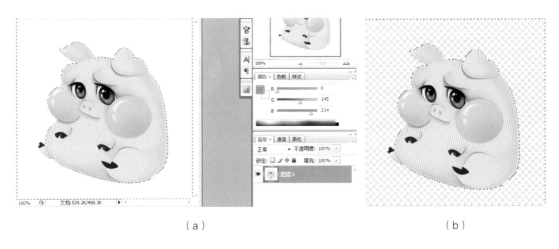

（a）　　　　　　　　　　　　　　　　（b）

图2-9

6. 新建一个文件，用来填充图案（图 2-10）。

图 2-10

7. 选择油漆桶工具填充图案，如需要变化底色，可以先填充前景色，再填充图案即可（图 2-11）。

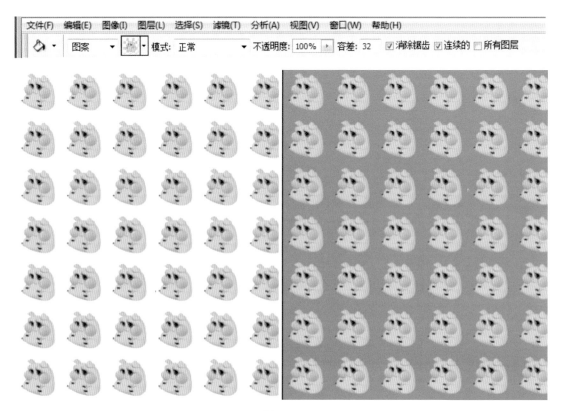

图 2-11

8. 按 Ctrl+U，弹出色相／饱和度对话框，调整色相就可以调整颜色（图 2-12）。

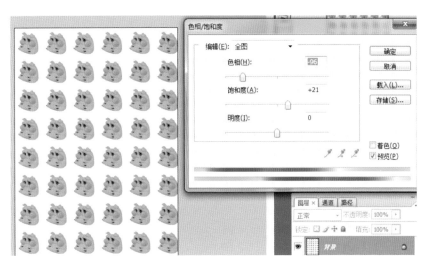

图 2-12

（三）粗花呢

1. 新建文件（图 2-13）。

2. 设置前景色，填充图层（图 2-14）。

3. 执行滤镜→杂色→添加杂色（图 2-15）。

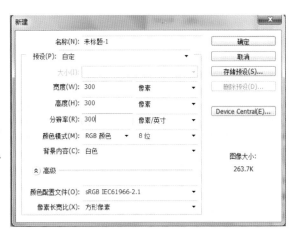

图 2-13

图 2-14

图 2-15

4. 执行滤镜→艺术效果→粗糙蜡笔（图2-16）。

图 2-16

（四）斜纹牛仔布

1. 新建文件，填充蓝色（图2-17）。

2. 滤镜→纹理→纹理化（200，20，上）（图2-18）。

3. 图层旋转90°，变为竖纹（图2-19）。

4. 滤镜→锐化→USM锐化（100，2.0，20）（图2-20）。

图 2-17

图 2-18

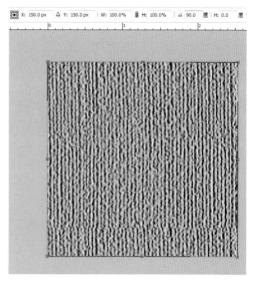

图 2-19

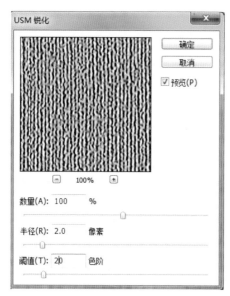

图 2-20

5. 制作粗斜纹。新建 0.3×0.3 文件，画笔工具 3 像素，画出 45 度蓝色斜纹，定义图案（图 2-21）。

6. 回到面料文件，新建图层，填充粗斜纹，改图层模式为线性加深（图 2-22）。

7. 对粗斜纹图层滤镜→扭曲→玻璃（3，6，100%）（图 2-23）。

8. 滤镜→艺术效果→涂抹棒（0，20，6），调整亮度／对比度（图 2-24）。

图 2-21　　　　　　图 2-22　　　　　　图 2-23

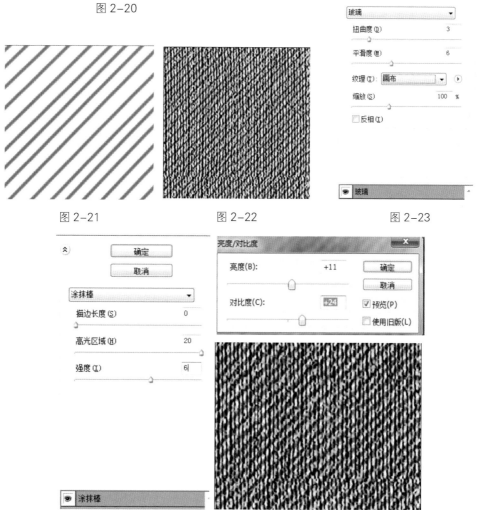

图 2-24

（五）针织面料

1. 新建文件，填充前景色（图2-25）。
2. 滤镜→杂色→添加杂色（图2-26）。
3. 滤镜→素描→炭精笔（图2-27）。

图 2-25

图 2-26

图 2-27

（六）麻

1. 新建文件，填充前景色（图2-28）。
2. 滤镜→杂色→添加杂色（量60%，平均分布）（图2-29）。
3. 滤镜→模糊→动感模糊（0度，50PIX）（图2-30）。

图 2-28　　　　　　　　　　　图 2-29　　　　　　　　　　　图 2-30

4. 滤镜→风格化→浮雕效果（90 度，6PIX，150%）（图 2-31）。

5. 复制图层，将新复制的图层旋转 90 度（Ctrl+T）　图层模式（叠加）（图 2-32）。

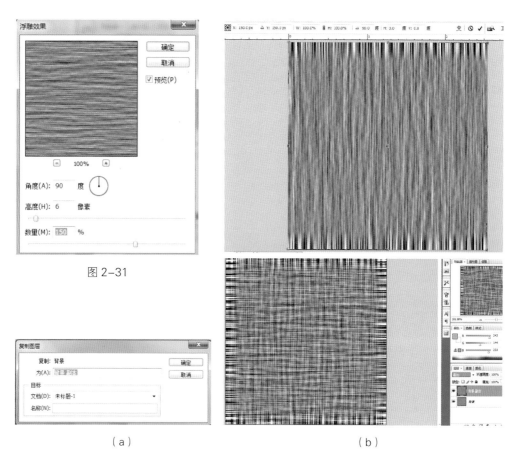

图 2-31

（a）　　　　　　　　　　　　　　　　　（b）

图 2-32

6. 合并图层 Ctrl+E（图 2-33）。

7. 图像→调整→色相→饱和度（Ctrl+U）（图 2-34）。

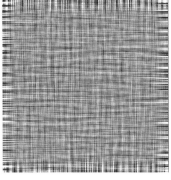

图 2-33   图 2-34

（七）人字呢

1. 新建文件，双击背景层，转换为普通图层。

2. Ctrl+A 全选，右键填充图案箭尾（第 2 排倒数第 2 个）（图 2-35）。

3. 双击图层，调出图层样式的混合选项，进入斜面和浮雕调板（深度 1%），进入纹理调板（加载箭尾图案 250%，深度 -1000%）（图 2-36）。

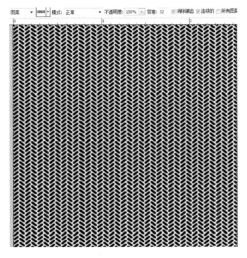

图 2-35

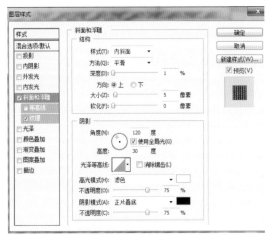

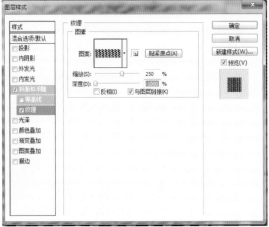

图 2-36

4. 滤镜→杂色→添加杂色（100%，平均分布）（图 2-37）。

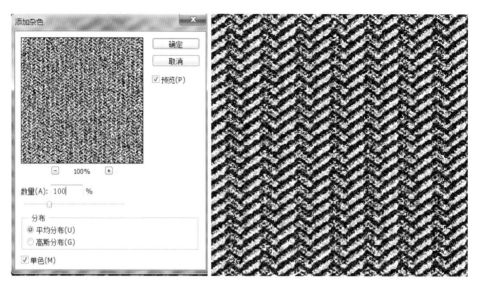

图 2-37

（八）皮毛

1. 新建文件，填充前景色（图 2-38）。

2. 滤镜→杂色→添加杂色（100%，平均分布）（图 2-39）。

3. 滤镜→模糊→动感模糊［90 度，10PIX（相数）］（图 2-40）。

4. 调整图像→调整→亮度／对比度（图 2-41）。

5. 滤镜→扭曲→波浪（生成器 3，波长 150～280，波幅 5～6；正弦波），决定皮

图 2-38   图 2-39

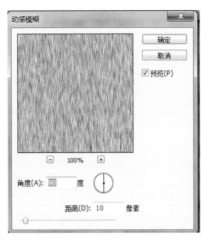

毛扭曲程度（图 2-42）。

6. 用加深/减淡工具涂抹（产生光感），曝光度 20% 以下（图 2-43）。

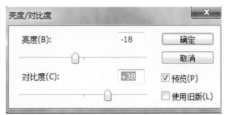

图 2-40　　　　　　　图 2-41

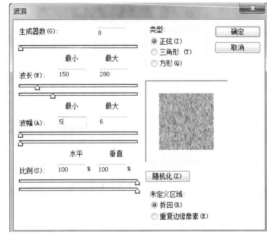

图 2-42

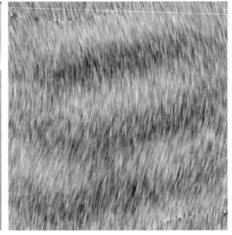

图 2-43

7. 复制图层，进行缩放（图 2-44）。

8. 在复制的图层上用橡皮擦随意擦去，透出下个图层的皮毛。不透明度和流量在 20% 以下。 Ctrl+E，向下合并图层（图 2-45）。

9. 使用液化工具，调整毛皮的纹理（图 2-46）。

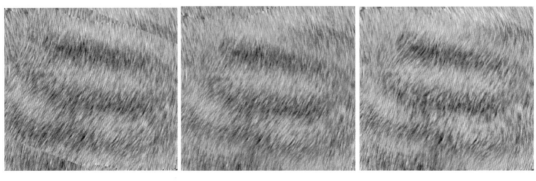

图 2-44　　　　　　　图 2-45　　　　　　　图 2-46

（九）单色方格

1. 新建文件，前景色填充（图 2-47）。

2. 滤镜→风格化→拼贴（10，1%）（图 2-48）。

3. 滤镜→像素化→碎片（图 2-49）。

4. 滤镜→其他→最大值（1PIX）（图 2-50）。

5. 滤镜→纹理→纹理化（画布 50%，4 PIX）（图 2-51）。

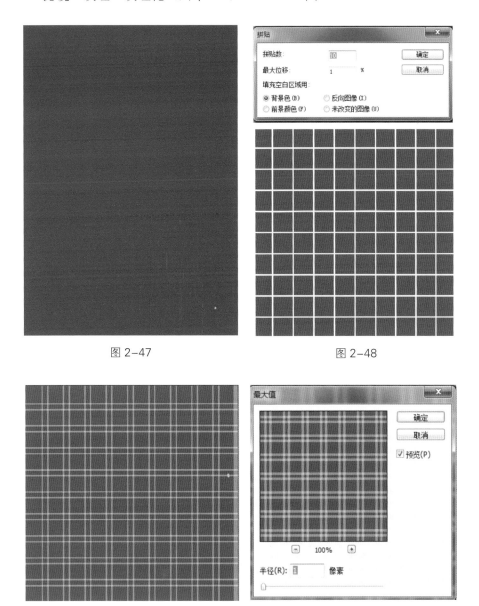

图 2-47

图 2-48

图 2-49

图 2-50

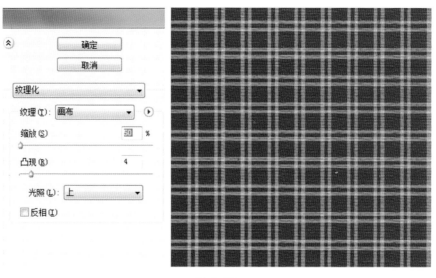

图 2-51

（十）斜纹棉布

1. 填充前景色（前景色随意，背景色白色）（图 2-52）。

2. 滤镜→渲染→云彩（图 2-53）。

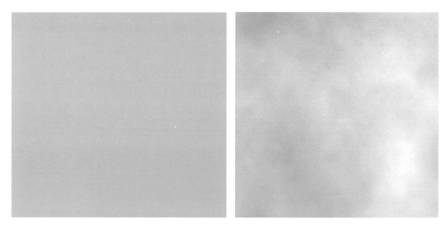

图 2-52　　　　　　　　　　　　　　图 2-53

3. 滤镜→杂色→添加杂色（30%，平均分布，灰阶杂色）（图 2-54）。

4. 滤镜→艺术效果→纹理化（基本设置不变）（图 2-55）。

5. 双击图层，使之变成可编辑状态，按 Ctrl+T，旋转 45 度，填充完整（图 2-56）。

6. 按 Enter 回车键，完成制作（图 2-57）。

图 2-54　　　　　　　　　　　　　　　　　　　　图 2-55

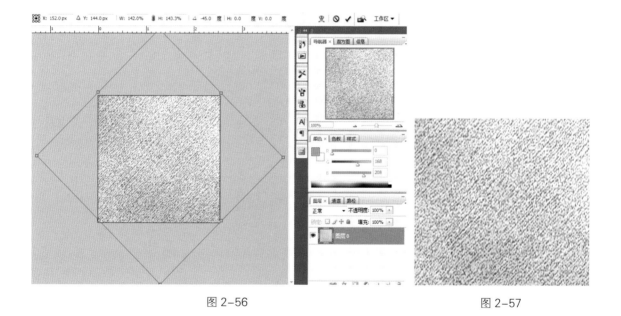

图 2-56　　　　　　　　　　　　　　　　　　　　图 2-57

任务 2-2

扫描面料制作应用

由于电脑对于实物面料的表现是有限的，因此将面料扫描或拍照后应用于时装效果图中，可以更好地呈现出服装的着装效果。

一、任务简介

　　本任务主要是将实物面料扫描后应用到时装画中。由于许多实物面料的肌理、质感独特，即使用电脑也难以将其完美地表现出来，因此，利用面料的真实效果进行服装肌理的质感表现是较为常用的一种电脑时装画的表现形式。

二、面料扫描

　　将实物面料扫描，需要注意保持面料的平整，避免因外力拉扯而引起的纱向扭曲或纹理变形等问题。另外还需要避免疵点、污渍、对格等问题（图2-58）。

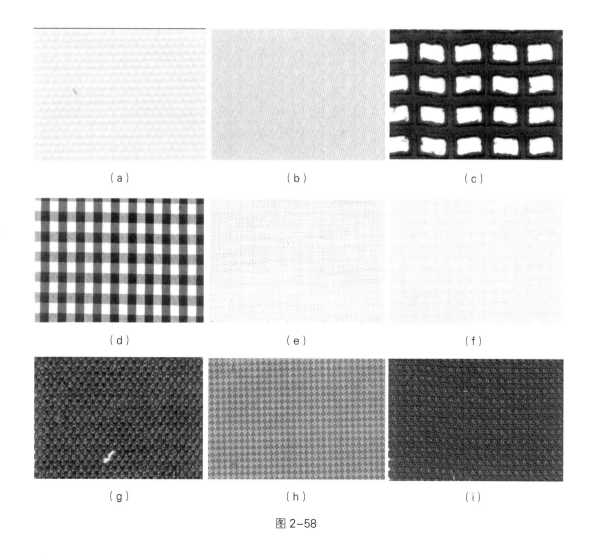

图 2-58

三、扫描面料在时装画中的应用

扫描面料因为面料的尺寸色彩有限，需要在绘图过程中进行处理，才能达到自然生动、逼真的效果。另外，多种面料同时使用的时候需要注意面料的搭配合理和色彩协调。

线稿处理和皮肤的绘制方法与前面任务一致，在此略过，主要介绍实物面料在时装画中的运用。

（一）方法一

1. 打开一张实物扫描面料素材（图2-59）。

2. 使用矩形框选工具选择出一个能够形成四方连续的方形。单击编辑／定义图案（图2-60）。

3. 打开时装画，将要填充面料的部分钢笔勾线，Ctrl+Enter变成选区。选择填充工具，▲ 图案 ▼ ■ ，填充选区（图2-61）。

图 2-59

图 2-60

4. 如对色彩不满意，可使用Ctrl+U，在弹出的色相／饱和度对话框中进行调整。也可图像→调整→去色，得到灰色（图2-62）。

5. 给外套做暗纹。选择一个图案图片素材。单击图像→调整→去色，得到灰色（图2-63）。

6. 将图片放在外套上，Ctrl+T放大到适合大小。单击编辑→变换→变形，依服装造型调整图片。按Enter确认（图2-64）。

7. 在外套图层，使用魔棒工具选择，使外套变成选区。选择一半外套后，按Shift再单击另外一半，可全选外套（图2-65）。

图2-61　　　　　　　　　　　　　图2-62

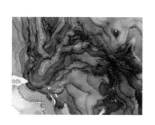

图2-63

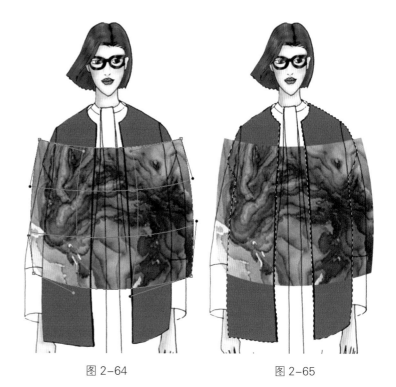

图2-64　　　　　　　　　　　　　图2-65

8．在图案图层，单击选择→反向。单击 Delete，删除多余的图案。取消选择。图层混合模式变成柔光。用橡皮擦 ⌀· 画笔：❈ · 模式：画笔 ▾ 不透明度：27% ▾ 流量：27% ，将图案图层边缘擦除，使边缘过渡柔和。使用同样的方法，完成整个时装画（图 2-66）。

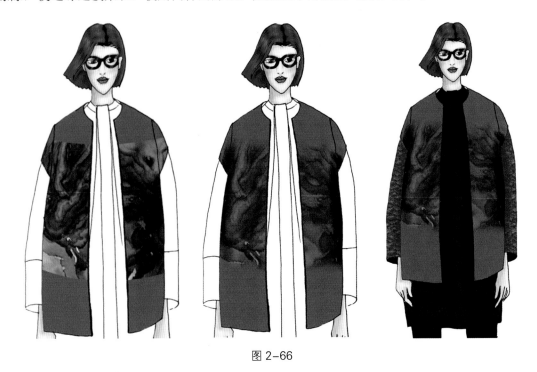

图 2-66

（二）方法二

1．打开一张实物扫描面料素材。将面料素材移动至时装画中的适当的位置。注意，需要对面料的明暗进行调整（图 2-67）。

2．将面料移动到需要填充的服装区域，将图层混合模式设置为正片叠底，观察面料肌理效果是否适合服装的表现。如果肌理不精致，需要进行进一步的调整、编辑（图 2-68）。

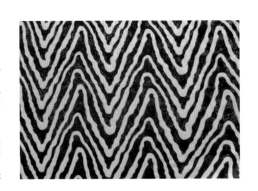

图 2-67

3．复制面料涂层，使之足以覆盖在要填充的外套上。为了使面料看起来是一个整体，四周的衔接不要出现拼接的痕迹（图 2-69）。

4．将复制的面料拼合在一起，在图层上单击鼠标右键，向下合并为一个统一的面料图层。将外套变成选区，单击选择→反向，在面料图层上单击 Delete 键，删除多余的面料（图 2-70）。

5. 使用多边形套索工具，选取上衣未填充部分，使用油漆桶填充颜色。打开一张小圆点素材，使用魔棒工具点击底色，使底色变成选区，单击 Delete 删除（图 2-71）。

6. Ctrl+U 调出色相／饱和度对话框，调出需要的色彩（图 2-72）。

7. 将圆点图层复制出多个，布满在服装上。右键单击圆点图层，使之向下合并，将所有复制出的圆点图层合并成一个图层（图 2-73）。

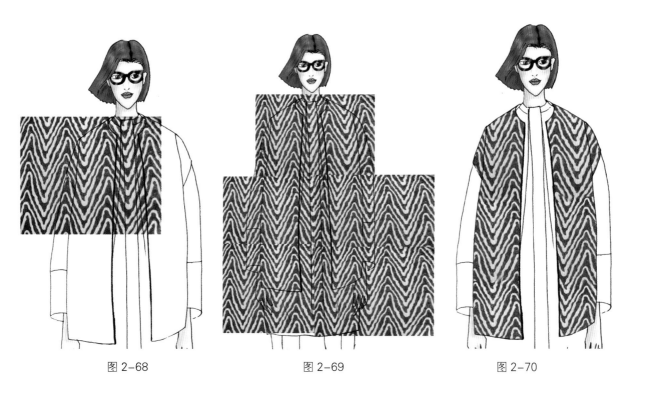

图 2-68　　　　　　　　　图 2-69　　　　　　　　　图 2-70

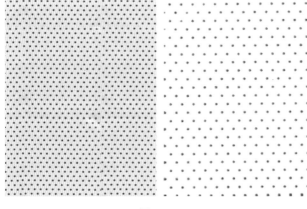

图 2-71

图 2-72

8. 选中上衣填充颜色部分，单击选择→反向，选中圆点图层，单击 Delete 删除多余的圆点（图 2-74）。

图 2-73　　　　　　　图 2-74

项目三

时装效果图的综合表现

基本面料时装效果图表现

绘制完整的时装效果图要求既好看又有特点。

一、任务简介

之前已经学习了头部及面料的绘制，对 Photoshop 软件中的基本工具已经有了基本了解，本任务是使用所学的工具绘制一幅完整的时装效果图，加强对基本工具的应用及理解。

二、任务分析

通过使用钢笔工具勾线，填充颜色，并使用加深、减淡工具营造出光影效果。加强这些基本工具的应用，制作背景，完成一幅基础的时装效果图的绘制。

任务的重点与难点：钢笔工具勾线及加深、减淡工具的使用。需要重点掌握钢笔工具勾线的方法和加深、减淡工具的使用方法。

三、时装效果图的绘制步骤

1. 打开一张手绘稿。新建一个文件，A4 大小，分辨率可以设置在 150 ～ 300 之间（图 3-1）。

2. 线稿的处理见任务 1-1。

3. 新建一个图层，命名为皮肤。使用钢笔工具或磁性套索工具沿露出的皮肤勾线。

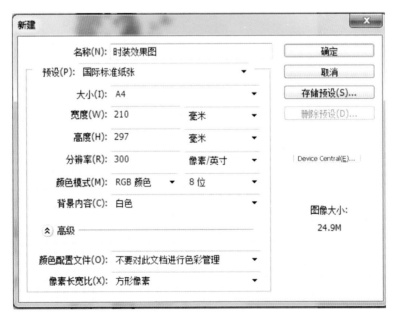

图 3-1

选择适合的肤色，用油漆桶填色（建议使用钢笔工具勾线，训练使用鼠标绘图的熟练度）（图 3-2）。

图 3-2

注：加深减淡工具容易改变皮肤的颜色，多次涂抹后皮肤的色相会改变。

4. 使用加深减淡工具，画出皮肤的阴影及高光。也可以新建两个图层，分别命名为皮肤阴影和皮肤高光。用画笔画出阴影及高光，此处使用新建图层，用画笔画出阴影及高光的方法。

5. 新建图层，命名为妆容，完成脸部妆容的绘制。

6. 头发的绘制见任务 1-3，此处头发为棕色，可勾选头发部分。在色相／饱和度对话框中进行调整（图 3-3）。

7. 新建图层，命名为上衣。用钢笔工具或磁性套索工具勾线，变成选区，填充前景色（图 3-4）。

图 3-3

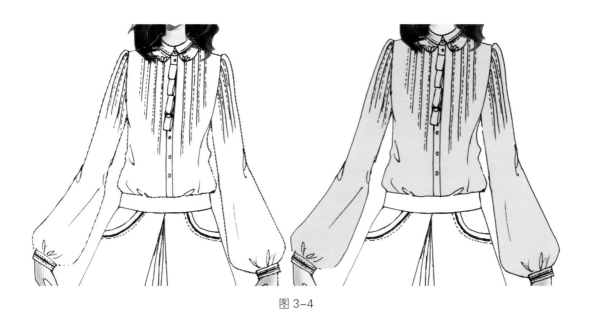

图 3-4

8. 新建阴影及高光图层，做出上衣的光影效果（图 3-5）。

9. 新建图层，命名为裤子。使用钢笔工具或磁性套索工具勾线，变成选区，填充前景色。使用加深减淡工具做出光影效果（图 3-6）。

10. 用钢笔工具勾出鞋子轮廓，变成选区，填充颜色，同样适用加深减淡工具做出光影效果（图 3-7）。

11. 执行 Shift+Ctrl+E 向下合并可见图层，所有图层拼合成整体。

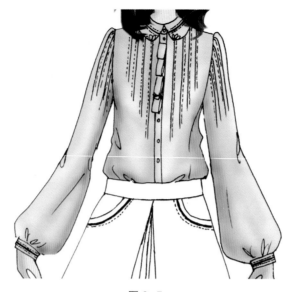

图 3-5

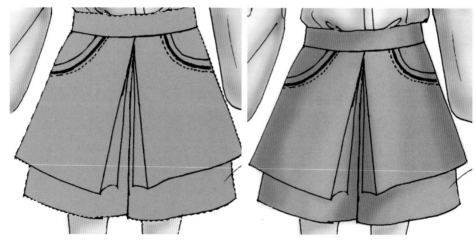

图 3-6

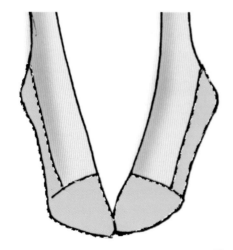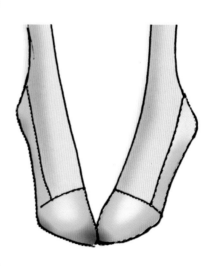

图 3-7

12．选择魔棒工具，单击白色背景部分，白色部分被选中变成选区。如有些部分未能选中，可按住 Shift 键单击需要选择的部分。

13．单击画笔工具，按 F5，弹出画笔对话框，设置画笔。设置画笔的不透明度和流量，画出背景。可设置不同的透明度和流量，可画出不同深浅的背景图案。画好后按 Ctrl+D，取消选区即可（图 3-8）。

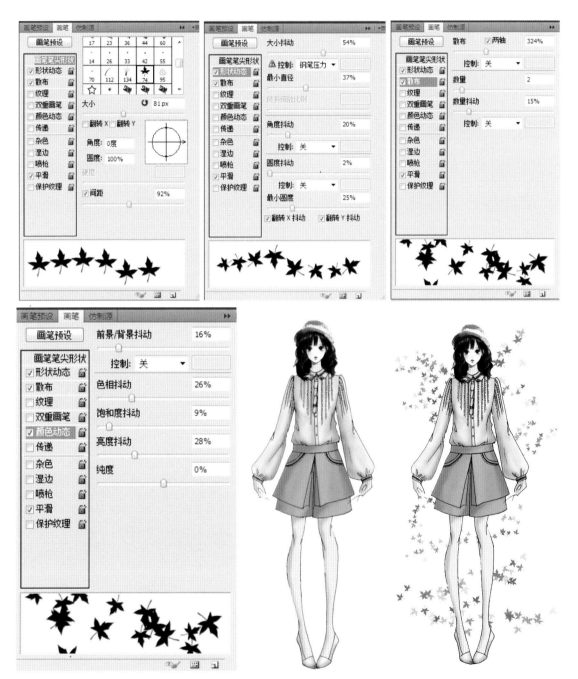

图 3-8

四、人物头像拼接

由于大部分中职学生没有系统学习过绘画，所以，绘制时装画时，人物的头部画得都不具有美感。为了更好地表现出时装画的美感，可以利用网上的素材，进行人物头像的拼接，也可以做出完整的时装效果图。

制作过程如下。

1. 打开一张合适的素材，手绘稿进行前期处理（图 3-9）。

图 3-9

2. 使用磁性套索工具，设置羽化值，将素材中人物的头部勾选变成选区。使用移动工具将选区内头部拉到手绘稿上（图 3-10）。

图 3-10

3．执行 Ctrl+T 命令，调整头部的大小，放置在线稿图层下，使之与手绘稿和谐（图 3-11）。

4．调整合适后，选择线稿图层，使用橡皮擦工具擦除多余的手绘头像线稿（图 3-12）。

5．绘制头部与身体连接部分的皮肤，使之过渡自然。若连接处色彩过渡不自然，可以使用橡皮擦工具 ，采用低透明度擦除连接处，使之过渡自然（图 3-13）。

图 3-11   图 3-12

图 3-13

五、任务拓展

选择现有的素材，进行人物头像的拼接，并绘制成完整的时装效果图。

任务 3-2

花色面料及蕾丝时装效果图的表现

花色面料和蕾丝面料是女装中运用广泛的面料，非常能体现女性的柔美。该任务就是要学习这两种面料在电脑时装画中的运用。

一、任务简介

花色面料和蕾丝面料是女性时装中常见的面料，这些面料能够表现出女性的柔美和性感。运用 Photoshop 软件也能表现这些面料。该任务就是学会制作花色面料和蕾丝面料，并完成时装效果图的绘制。

二、任务分析

通过使用定义图案和粘入图案制作花色面料，结合素材，运用魔棒工具绘制出蕾丝面料。

任务重点：花色面料的几种做法。

任务难点：魔棒工具的相似选择，对素材的镂空方法。

三、时装效果图的绘制

（一）花色面料绘制方法一

1. 打开一张手绘稿。新建一个文件，A4 大小，分辨率可以设置在 150 ～ 300 之间（图 3-14）。

2. 使用矩形框选工具，框选手绘稿需要使用的部分。使用 ✥ 移动工具，将打开的手绘稿拉到新建的文件中。执行 Ctrl+T 命令，调整手绘稿在新建文件中的位置及大小。执行 Ctrl+M 命令，进行线稿的调整，并用橡皮擦将多余的线条擦除（图 3-15）。

3. 新建一个图层，命名为皮肤。使用钢笔工具或磁性套索工具沿露出的皮肤勾线，变成选区后填充肤色，做出光影效果。

4. 新建图层，命名为妆容，完成脸部妆容的绘制。新建图层，命名为头发，

图 3-14　　　　　　图 3-15

花色面料及蕾丝
时装效果图的表现

完成头发的绘制。具体操作步骤可参考任务 1-2 和任务 1-3。

5. 新建图层，命名为花色面料。用钢笔工具或磁性套索工具勾线，变成选区。打开一张花色图片素材，使用矩形工具框选需要的部分。执行编辑→拷贝命令（图 3-16）。

6. 选中时装画文件，执行编辑→粘入命令。由于图片较小，未能填满选区，可执行 Ctrl+T 命令；调整图片的大小，可执行 Ctrl+U 命令。调整色相，改变图片的颜色（图 3-17）。

7. 这种绘制方法受到图片大小的限制，图片小需要拉大，会导致图片花色变形。

图 3-16

图 3-17

（二）花色面料绘制方法二

1. 打开一张素材图片，新建文件，文件的大小决定了定义图案的大小。如新建的文件小，定义的图案也就小，填充到服装上的花纹也就密集；反之，则花纹面积变大（图 3-18）。

2. 用魔棒工具单击素材图片的空白部分，按 Delete 键删除白色部分，用移动工具拉

图 3-18

到新建的文件内。按 Ctrl+T，调整花朵大小。按 Ctrl+C，Ctrl+V，多复制几个花朵，做出一个四方连续的基本单位图案（图 3-19）。

3. 执行编辑→定义图案命令，输入这一图案的名称，单击确认，这一图案成为默认的自定义图案（图 3-20）。

4. 回到时装画文件需要填充图案的选区内，选择油漆桶工具，打开定义完成的图案单元填充画面。以定义图案为基础单位的四方连续图案面料制作完成。

5. 如需要改变面料底色，只需要选择油漆桶工具，选择前景色，在白色部分单击即可（图 3-21）。

6. 新建一个阴影图层，设置图层样式为"正片叠底"。使用画笔工具画出服装衣纹皱褶的暗部区域。新建一个亮面图层，使用浅色画笔工具画出服装衣纹皱褶的亮面[图 3-22（a）]。

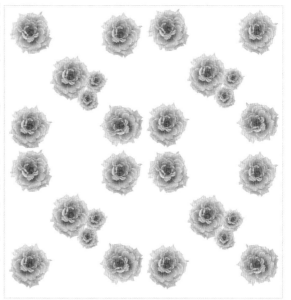

图 3-19

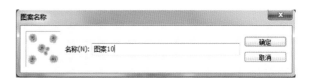

图 3-20

图 3-21

7. 使用滤镜→液化命令，调整花色面料在人体上的着装状态，使其符合人体的曲线起伏［图 3-22（b）］。

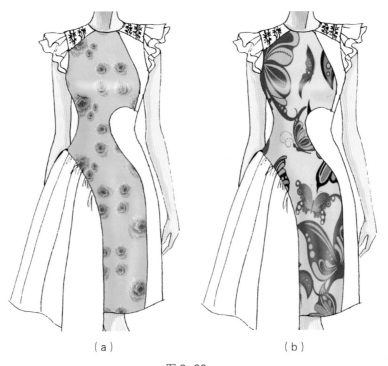

（a）　　　　　　　　　　（b）

图 3-22

8. 用钢笔工具或磁性套索工具，勾选需要的选区作蕾丝面料。新建图层，命名为蕾丝面料，选择油漆桶工具填充前景色（图3-23）。

图 3-23

9. 打开一张素材。选择魔棒工具单击白色部分，单击鼠标右键，在弹出的对话框中单击选取相似，则素材中所有白色部分被选中。按 Ctrl+Shift+I 键，执行反向命令，选中素材的黑色部分（图3-24）。

图 3-24

10．使用移动工具将素材中被选中的黑色花样拉到时装画内，置于图层线稿之下。由于花纹大小不一定合适，可以多复制粘贴几个花样，组合成一张大的花样。在花样图层中单击鼠标右键，选择向下合并，将几个图层合并成一个图层。执行Ctrl+T，旋转缩放，调整花样的大小及位置（图3-25、图3-26）。

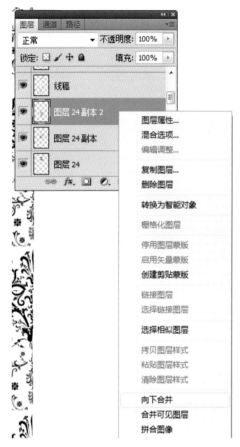

11．选中蕾丝面料图层，使用魔棒工具单击图层，变成选区。单击花样图层，按 Ctrl+Shift+I 键，执行反向命令，单击 Delete 删除键，将多余的花样删除。按 Ctrl+Shift+I 键，执行反向命令（图3-27）。

图 3-25

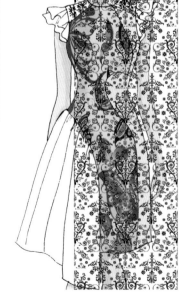

图 3-26

12. 执行滤镜→液化命令，选择向前变形工具，调整花样图层中人体上的起伏状态（图 3-28）。

图 3-27

图 3-28

13. 执行 Ctrl+U 命令，勾线着色，调出需要的颜色（图 3-29）。

14. 新建裙摆图层，用钢笔工具勾线，单击 Ctrl+Enter，使之变成选区，填充前景色。新建阴影图层，设置为正片叠底，绘制阴影（图 3-30）。

15. 新建肩部图层，用磁性套索工具勾选选区，填充前景色，用加深减淡工具做出阴影。新建袖花边图层，用磁性套索工具勾选选区，填充前景色，用加深减淡工具做出阴影。新建鞋子图层，用磁性套索工具勾选选区，填充前景色，用加深减淡工具做出阴影（图 3-31）。

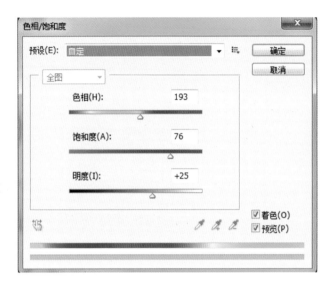

图 3-29

图 3-30

（a）   （b）

（c）   （d）

图 3-31

四、相关知识

蕾丝花边绘制

1. 在 Photoshop 里导入蕾丝图片，把背景层变为普通图层。执行"色阶""曲线"等操作，增强图片的对比度（图 3-32）。

2. 在通道面板中，按住 Ctrl 键的同时，选中红、绿、蓝任意一个通道，执行选择→反向，则选中了除蕾丝外的区域，执行删除操作，画布上只留下蕾丝区域；然后再次执行"反向"，蕾丝区域被选中，然后为选区填充黑色（图 3-33）。

3. 使用"裁切"工具对其进行裁切，裁切为独立的单独纹样（图 3-34）。

4. 执行编辑→定义画笔预设，将其定义为画笔"蕾丝"（图 3-35）。

5. 选中工具箱"画笔"工具，在参数栏右侧，打开"画笔调板"，在"画笔预设"里选中上文所定义的"蕾丝"画笔；在"画笔笔尖形状"里把"间距"调大；在"动态形状"选项中，将"角度抖动"下的"控制"选项设置为"方向"（图 3-36）。

6. 使用"钢笔"工具勾勒任意路径，然后执行"描边路径"操作，就可以画出连贯的蕾丝花边了（图 3-37）。

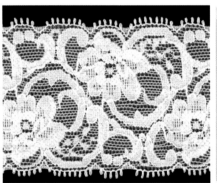

图 3-32

图 3-33

图 3-34

图 3-35

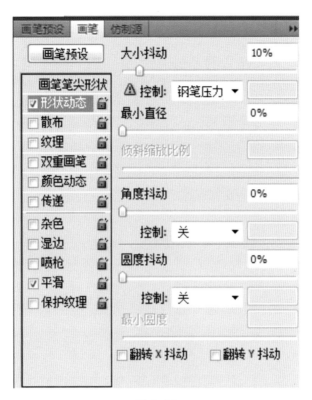

图 3-36

图 3-37

五、任务拓展

选择现有的素材绘制花色面料及蕾丝面料，做一幅完整的时装效果图。

任务 3-3

毛皮与呢子面料时装效果图表现

一、任务简介

　　毛皮面料和呢子面料是女性秋冬时装中常见的面料，这些面料能够表现出时装的性感华贵，运用 Photoshop 软件也能表现这些面料。本次任务就是学会制作毛皮面料及呢子面料，并完成时装效果图的绘制。

二、任务分析

　　通过使用滤镜工具绘制呢子面料及毛领，并使用高光表现皮的质感，完成整体着装效果。

　　任务重点：毛的做法。

　　任务难点：皮的质感表现。

三、时装效果图的绘制步骤

　　1. 打开一张手绘稿。新建一个文件，A4 大小，分辨率可以设置在 150 ～ 300 之间（图 3-38）。

　　2. 线稿、皮肤、妆容、头发在前文中已有详细介绍，这里就不多叙述（图 3-39）。

图 3-38　　　　　　　　　　图 3-39

3. 新建图层，命名为呢子面料。用钢笔工具或磁性套索工具勾线，变成选区。填充前景色。执行滤镜→添加杂色命令，再次执行滤镜→纹理→纹理化（图3-40）。

4. 新建图层，命名为上衣阴影，使用画笔工具绘制出上衣部分的阴影层次，设置图层混合模式为正片叠底模式。

图 3-40

5. 新建图层，命名为上衣高光，使用画笔工具绘制出上衣部分的高光，设置图层混合模式为正常模式（图3-41）。

6. 新建图层，命名为口袋及镶边，使用钢笔工具勾线变成选区，填充前景色，并用加深减淡工具做出光影效果（图3-42）。

7. 新建图层，命名为毛领。使用磁性套索工具勾选，羽化值为15，填充前景色（图3-43）。

8. 复制毛领图层，得到毛领图层副本，执行滤镜→杂色→添加杂色（100%，平均分布），再执行滤镜→模糊→动感模糊（图3-44）。

图 3-41   图 3-42   图 3-43

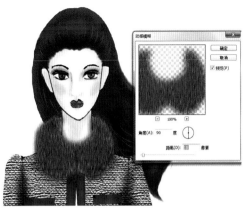

图 3-44

9. 执行图象→调整→亮度／对比度，再执行滤镜→液化命令，做出毛领波纹，并使用加深减淡工具做出光影效果（图 3-45）。

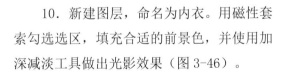

图 3-45

10. 新建图层，命名为内衣。用磁性套索勾选选区，填充合适的前景色，并使用加深减淡工具做出光影效果（图 3-46）。

11. 新建裙腰图层，填充前景色，用钢笔工具或磁性套索工具勾线，变成选区。打开一张花纹图片素材，按蕾丝面料绘制的方法，绘制裙腰花纹（图 3-47）。

12. 新建阴影图层，做出光影效果（图 3-48）。

13. 新建裙子图层，填充前景色。前景色，画出阴影效果（图 3-49）。

图 3-46

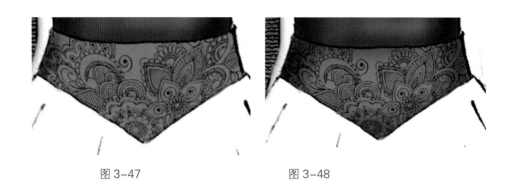

图 3-47   图 3-48

14. 新建阴影图层，用画笔工具选择深色（图 3-50）。

15. 新建高光图层，勾选出局部的高光区域，填充白色。执行滤镜→模糊→高斯模糊命令，设置半径可根据阴影效果调整（图 3-51）。

16. 新建裙里图层，勾选裙里部分，填充深色前景色，用加深减淡工具做出光影效果（图 3-52）。

17. 新建裤子图层，勾选选区，填充颜色，用加深减淡工具做出光影效果（图 3-53）。

18. 新建袜子图层，勾选选区，填充颜色，做出光影效果（图 3-54）

19. 与裙腰花纹做法相同，做出袜子花纹。可使用 Ctrl+U，调整花纹颜色，使其与袜子颜色协调（图 3-55）。

20. 新建鞋子图层，填充黑色。使用减淡工具做出皮的反光效果（图 3-56）。

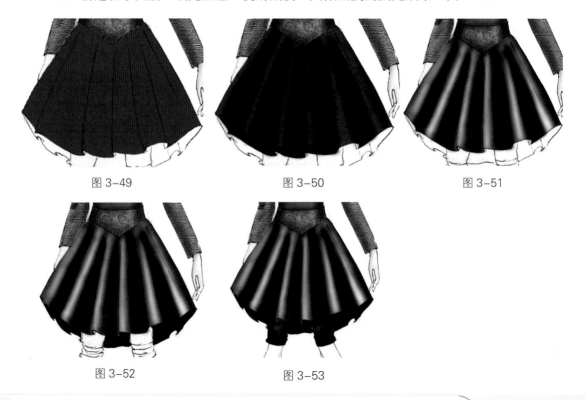

图 3-49   图 3-50   图 3-51

图 3-52   图 3-53

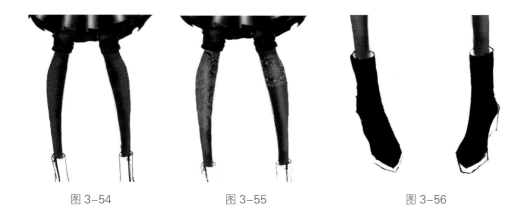

图 3-54　　　　　　图 3-55　　　　　　图 3-56

21. 新建鞋底图层，勾选并填充颜色，做出光影效果。完成整体效果图绘制（图 3-57）。

图 3-57

四、任务拓展

选择现有的素材绘制毛皮面料及呢子面料，做一幅完整的时装效果图（图 3-58）。

图 3-58

任务 3-4

丝绸与渲染面料时装效果图表现

一、任务简介

　　丝绸面料是时装中常见的面料，多用来表现时装的华美。渲染面料以其富有变化的图案色彩而常用于时装中。该任务就是学会制作丝绸面料及渲染面料，并完成时装效果图绘制。

二、任务分析

　　通过使用画笔工具绘制出丝绸服装的光泽，使用滤镜工具表现出渲染效果。

　　任务重点：画笔工具的运用。

　　任务难点：丝绸的质感表现。

三、丝绸服装的绘制步骤

　　1. 打开线稿，使用钢笔工具或磁性套索工具勾选上衣，填充颜色（图3-59）。

　　2. 新建高光图层，前景色设置为粉红色，画笔设置如下。

画笔　28　模式：正常　不透明度：24%　流量：29%

不透明度和流量根据服装绘制的效果需要不断进行调整。

图 3-59

3. 新建阴影图层，前景色设置为深红色，调整画笔大小及不透明度、流量，绘制阴影。以同样的方法绘制裙子及袖子（图 3-60）。

图 3-60

4. 新建图层，用磁性套索工具勾选袖子，使用渐变工具，绘制袖子的透明效果（图 3-61）。

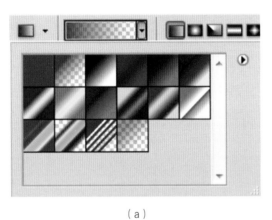

（a）

（b）

图 3-61

5. 打开一个花纹素材，将其拉至时装画中需要放置图案的部位。Ctrl+T 旋转调整位置（图 3-62）。

6. 选中上衣部分，选择→反向，在花纹图层单击 Delete，删除多余的花纹。用橡皮擦擦除边缘，使其过渡自然（图 3-63）。

7. 以同样的方法绘制袖子花纹（图 3-64）。

8. 对袖子花纹进行修饰，图层→图层样式→混合选项，在弹出的对话框中，勾选内发光，斜面和浮雕（图 3-65）。

图 3-62

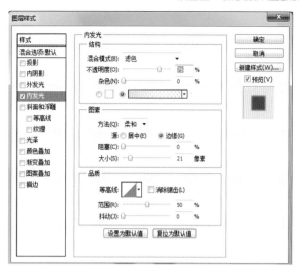

（a）

图 3-63

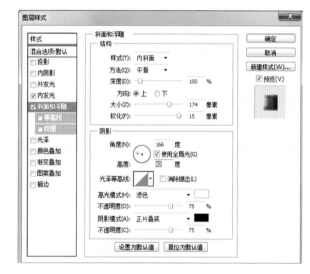

（b）

图 3-64

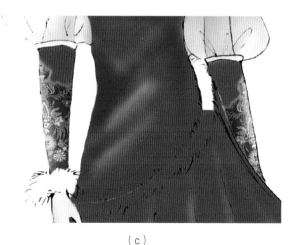

（c）

图 3-65

9．新建图层，设置画笔工具，绘制毛领及毛边（图3-66）。

10．设置前景色为深灰色，设置画笔工具，用画笔工具绘制袖子、毛领及毛边阴影（图3-67）。

图 3-66   图 3-67

四、渲染服装的绘制步骤

1. 打开一张素材，用移动工具将素材图拉到线稿上，注意图层顺序，保证线稿图层在最上层（图3-68）。

2. 在素材图层上，单击滤镜→液化，在弹出的液化对话框中，调整画笔大小，使用向前变形工具  进行随意涂抹。做出需要的图案后单击确定（图3-69）。

3. 新建上衣图层，勾选需要填充的部分，使其变成选区。单击选择→反向，在素材图层中单击Delete，删除多余的图案（图3-70）。

4. 新建镶边图层，勾选并填充颜色（图3-71）。

5. 新建袖子图层，填充颜色，调整图层不透明度，或者在填充时调整不透明度（图3-72）。

6. 新建裙子图层，勾选选区并填充颜色（图3-73）。

图3-68

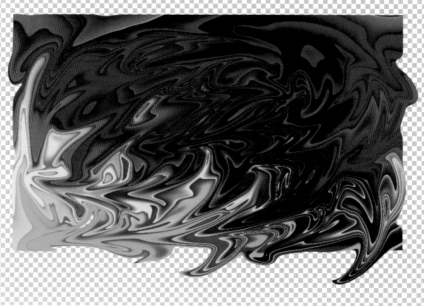

图 3-69

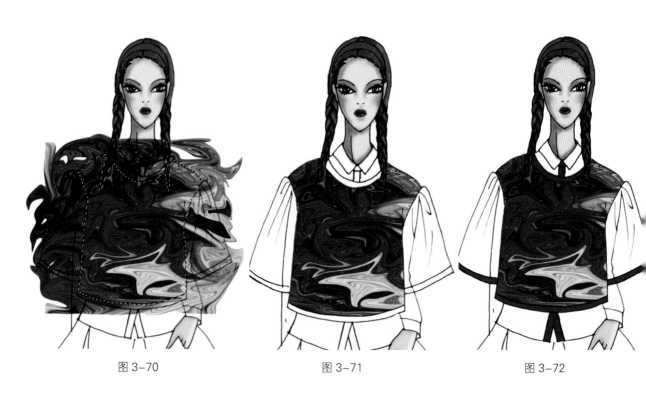

图 3-70   图 3-71   图 3-72

7. 新建袜子、鞋子图层，填充颜色（图 3-74）。

8. 打开心型图案素材，使用矩形选框工具框选一个四方连续图案。单击编辑→定义图案（图 3-75）。

9. 新建一个空白文档，使用油漆桶→图案工具，找到前面定义的图案进行填充（图 3-76）。

10. 使用魔棒工具选择心型图案。用移动工具将心型图案拉到袜子图层上（图 3-77）。

图 3-73　　　　　　　　图 3-74　　　　　　　　图 3-75

图 3-76　　　　　　　　图 3-77

11. 在袜子图层将袜子变成选区，单击选择→反向。在心型图案图层单击 Delete，删除多余的心型图案（图 3-78）。

12. 新建图层，图层模式为正片叠底，使用画笔工具选择灰色前景色绘制阴影。新建图层，使用画笔工具选择灰白色绘制高光，做出服装的光影效果（图 3-79）。

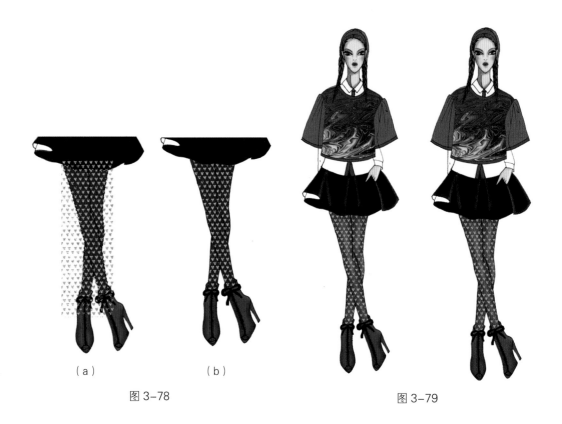

（a）　　　　　　　　（b）

图 3-78　　　　　　　　　　　　　　　　图 3-79

项目四

特殊服装效果表现

任务 4-1

羽饰品及珠链的绘制

一、任务简介

羽毛是服装饰品中较为特殊的一种，常被用来装饰服装。珍珠则是较为常见的饰品。该任务就是学习这两种饰品的制作方法，为时装效果提供更多的技术保障。

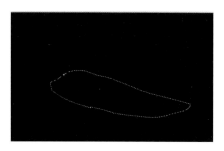

图 4-1

二、任务分析

羽毛的制作主要是钢笔绘制造型，用涂抹工具做出毛边。珍珠的绘制主要是画笔预设工具的应用，都是较为简单的。该任务是完成羽毛和珍珠项链的绘制。

任务重点：珍珠项链的绘制方法。

任务难点：羽毛的质感表现。

图 4-2

三、羽毛的绘制步骤

1. 新建一个 800×600 的文件，背景填充黑色。然后新建一层，用钢笔画出羽毛的大概图形，按 Ctrl+Enter 使其变成选区（图 4-1）。

2. 在选区内填充白色（图 4-2）。

3. 再新建一层，还是用钢笔，画出羽毛梗，并且填充成 50% 灰色（图 4-3）。

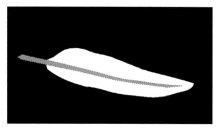

图 4-3

4. 分别用钢笔画出 4 个如图 4-4 所示的形状，然后按 Ctrl+Enter，转成选区，在羽毛层上按 Delete 删除，做出羽毛缺陷效果。

5. 使用涂抹工具，调整好涂抹的大小，涂抹羽毛边缘。这里要细心、耐心，按照羽毛的走向来涂，不仅可以从里向外涂，也可以从外向里涂，制造出羽毛缺陷效果（图 4-5）。

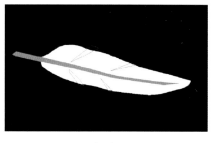

（a）

6. 用画笔很随意地在羽毛根部涂上白色（图 4-6）。

（b）

图 4-4

7．涂成绒球状（图 4-7）。

8．调整涂抹压力为 80，抹出毛的效果，要涂得干净利落，够圆滑（图 4-8）。

9．用加深减淡工具涂出阴影效果，体现立体感（图 4-9）。

10．由于羽毛为白色，而羽毛梗有点米黄，所以把这个图层调整色相／饱和度。按 Ctrl+ U。勾选着色，设置如图 4-10 所示。

11．在羽毛根部使用上面的方法涂羽毛，盖住一点羽毛梗（图 4-11）。

12．大致调整下颜色，加上渐变背景（图 4-12）。

图 4-5

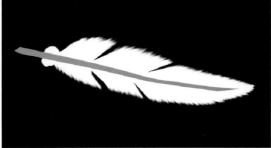
图 4-6

图 4-7

图 4-8

图 4-9

图 4-10

图 4-11   图 4-12

四、珍珠项链的绘制步骤

1. 在 Photoshop 里打开准备好的珍珠素材［图 4-13（a）］，用"椭圆形选框"工具选中珍珠的轮廓［图 4-13（b）］，执行图像→调整→反相，并把背景层改为普通图层［图 4-13（c）］。

2. 执行选择→反向，Del 和编辑→定义画笔预设（图 4-14）。

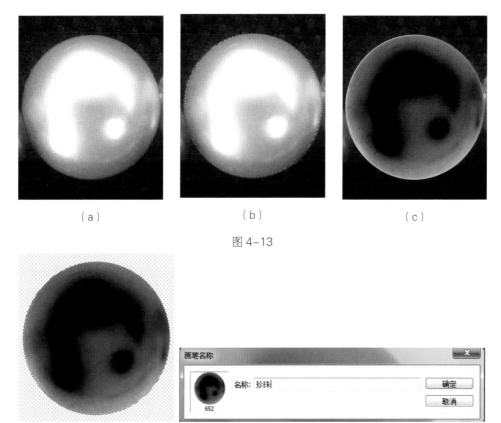

（a）   （b）   （c）

图 4-13

图 4-14

羽饰品及珠链的
绘制

3. 选中"画笔"工具，打开参数栏右侧"画笔调板"，进行如下设置：在"画笔预设"里选中上文所定义的"珍珠"画笔；在"画笔笔尖形状"里把"间距"调大，参考值是"99%"；在"动态形状"选项中，将"角度抖动"下的"控制"选项设置为"方向"（图4-15）。

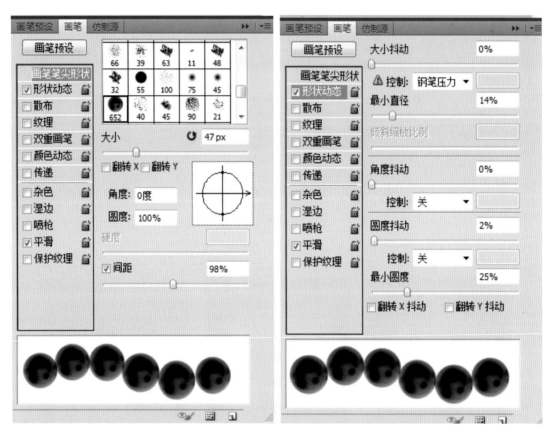

图 4-15

4. 设置前景色为浅紫色，设置好"画笔"工具的主直径，用"钢笔"工具勾勒任意曲线路径，执行"描边路径"［图4-16（a）］，设置"图层样式"为"投影"和"内发光"［图4-16（b）］，则描绘出逼真的珍珠项链效果［图4-16（c）］。

5. 填充黑色背景，完成绘图（图4-17）。

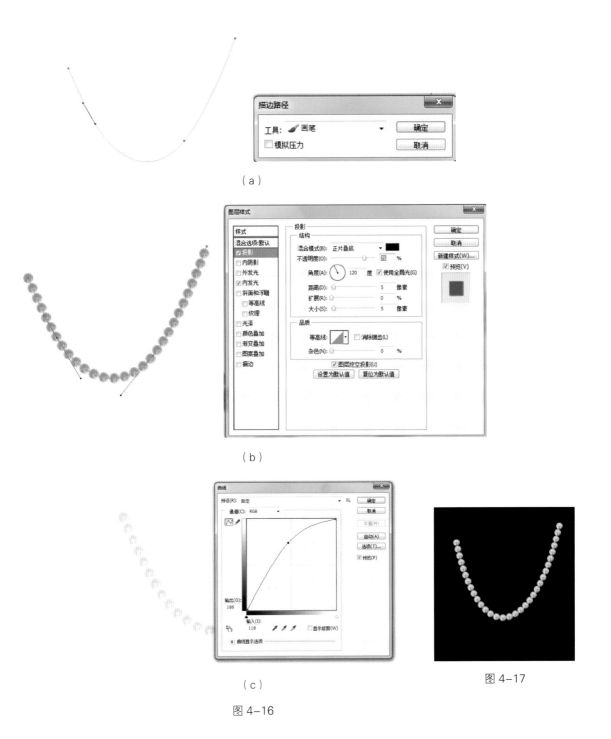

（a）

（b）

（c）

图4-16

图4-17

五、任务拓展

　　自行设计一款项链，将羽毛及珍珠运用到项链上。

任务 4-2

闪光金属字体的绘制

一、任务简介

闪光金属字体是服装中常见的配饰。配饰作为服装的一部分，是整个时装效果图不可或缺的部分，运用 Photoshop 表现这些配饰也是必须学习的。该任务就是学会制作闪光金属字体，并将此方法运用到其他配饰上。

二、任务分析

任务重点：波浪扭曲滤镜的应用。

任务难点：文字黄金色泽的表现。

三、闪光金属字的绘制步骤

1. 新建一个 660×200 像素的文档，背景为白色。用一种较粗的字体（如 Impact，字体大小为 140Pt）写上文本，如果不太理想，可以用自由变形工具缩放，用移动工具移到文档正中（图 4-18）。

图 4-18

2. 栅格化图层，载入选区（图 4-19）。

图 4-19

3. 执行滤镜→素描→网状（图4-20）。

4. 选择玻璃扭曲滤镜，扭曲度为20，平滑度为1，纹理为小镜头，缩放为55%，取消选择。Ctrl+M，调整亮度（图4-21）。

5. 双击图层面板，打开图层样式选项，选择描边，大小为10像素，位置居中，填充类型选择渐变，在渐变列表中选择铜色渐变，其余按照默认模式（图4-22）。

6. 在样式中选择描边浮雕，方法为平滑，深度为1000%，方向为上，大小为12像素，软化为0像素；在阴影光泽等高线列表中选择"环形"，消除锯齿，其余按默认设置（图4-23）。

7. 要赋予文字黄金的色泽，用色调／饱和度命令，如果立即就上色会发现改变的只是黑白图案，金属部分却没有改变。要对这部分改动，就必须将图层效果与图层分离，只有当图层效果成为单独一层的时候，才可以执行操作。在效果上右击鼠标，在弹出的菜单中选择"创建图层"，这样一来，在原来的图层上多了三个层，选择最上面的浮雕暗调层，在

图 4-20

图 4-21

（a）

（b）

图 4-22

其上新建一层，用50％灰度填充；按住Alt，单击图层1和暗调浮雕层之间，将其编组，可以看到灰色部分覆盖了原来的金属部分；将图层1的混合模式改为"柔光"；用色相/饱和度命令调整颜色（图4-24）。

8. 将背景填充黑色，在图层1上新建一层，用不同大小的星型白色喷枪喷上闪光作为点缀就可以了（图4-25）。

图4-23

图4-24

图4-25

四、任务拓展

自行设计制作一个闪光金属标志。

任务 4-3

纱类礼服效果图表现

一、任务简介

薄纱和蕾丝是礼服常用的面料，制作纱类礼服是本次任务的学习内容。该任务需要用电脑表现出纱类面料薄、透的效果特点，另外再复习前面学过的蕾丝做法。

二、任务分析

为了表现出薄纱的特点，需要学会应用渐变工具，采用多次渐变做出面料的层次感，使礼服效果更加丰满、灵动。

三、时装效果图的绘制步骤

1. 打开一张礼服线稿（图 4-26）。
2. 线稿处理及肤色妆容在此略过（图 4-27）。

图 4-26　　　　　　　　图 4-27

3. 勾选胸衣，填充所需颜色（4-28）。

4. 新建图层，绘制胸衣阴影及高光，做出皮革光泽（图 4-29）。

5. 新建图层，填充皮革纹理（图 4-30）。

6. 执行图像→调整→色相／饱和度，调整纹理色彩，最好调整整体不透明度和填充不透明度（图 4-31）。

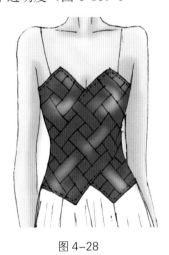
图 4-28

图 4-29

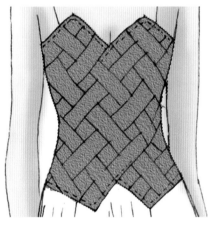
图 4-30

（a）

（b）

（c）

图 4-31

7. 打开一张纹理图片，绘制上衣蕾丝花纹（图 4-32）。

8. 将花纹拉至上身，调整好大小及位置（图 4-33）。

9. 关闭花纹图层，勾选上衣袖子部分［图 4-34（a）］。返回花纹图层，选择→反向，删除多余图案［图 4-34（b）］。

10. 魔棒选择花纹白色底色，单击右键选取相似，选中全部底色。删除底色（图 4-35）。

11. 图像→调整→色相／饱和度，调整蕾丝上衣的色彩。如蕾丝过于单薄，可重复上面的操作，丰满蕾丝效果（图 4-36）。

图 4-32

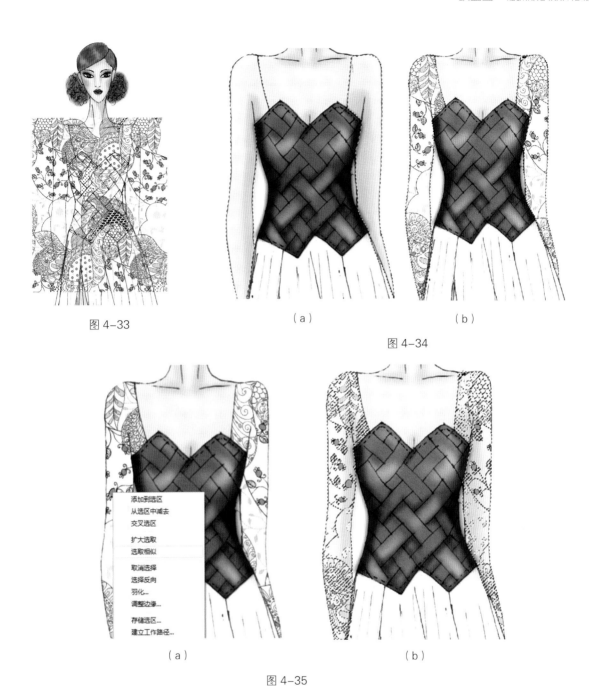

图 4-33

（a）　　　　　（b）

图 4-34

（a）　　　　　（b）

图 4-35

12. 勾选裙子，填充颜色（图 4-37）。

13. 勾选裙子外层，用渐变工具填充颜色。做出半透明效果（图 4-38）。

14. 勾选裙子其他部分，继续渐变填充（图 4-39）。

15. 新建图层，给外层的纱裙做出阴影，表现出层次感（图 4-40）。

16. 新建鞋子图层，绘制鞋子。并用绘制珍珠的方法绘制出鞋子上的珍珠装饰（图 4-41）。

17. 新建图层，绘制珍珠项链，完成整体绘图（图 4-42）。

（a）

（b）

图 4-36

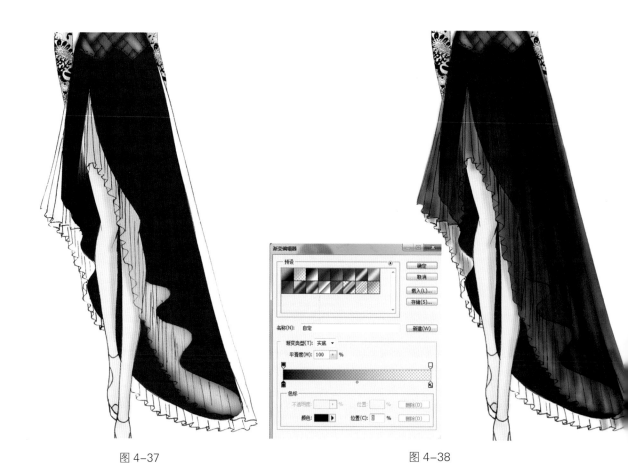

图 4-37

图 4-38

图 4-39

图 4-40

图 4-41

图 4-42

四、任务拓展

自行设计一款纱类礼服。

任务 4-4

民族服装效果图表现

民族服装具有极其强烈的地域特色。民族刺绣、织带、色彩、配饰都是该任务需要学习了解的内容。

一、任务简介

民族服饰是该任务的学习内容。民族服装极具特色，该任务需要用电脑表现出民族服装的特点，如民族织带花纹的表现、刺绣图案的表现、配饰的表现等。

二、任务分析

为了表现出民族服装的特点，需要选择合适的图案作为织带、刺绣图案，还需要制作银色的配饰。

任务重点：绣花、织带的做法。

任务难点：银色饰品的绘制。

三、时装效果图的绘制步骤

1. 打开一张民族服装手绘稿（图4-43）。

2. 新建帽子图层，勾选出帽子轮廓，填充颜色（图4-44）。

3. 选择一个花纹素材，删除多余底色，Ctrl+U调出需要的色彩。编辑→变换→变形，使花纹走向符合帽子的起伏（图4-45）。

4. 用多边形套索工具勾选多出的部分并删除。将花纹图层复制一份副本，Ctrl+T反转放在帽子上，删除多余部分（图4-46）。

图4-43

图4-44

5. 打开一个花边，编辑→变换→变形，使其适合帽子边缘。将花边图层复制一份副本，Ctrl+T 反转放在帽子边上，删除多余部分（图 4-47）。

图 4-45

图 4-46

图 4-47

6. 用椭圆框选工具画一个圆，找到样式窗口，单击水银，红色圆圈变成银色。单击图层样式，进一步调整（图 4-48）。

7. 新建组，将做好的银色圆片拉入组。多次复制银色圆片图层，做出帽子上的银圆片装饰（图 4-49）。

8. 打开画笔工具，找到绒毛笔，调整笔的大小及颜色，画出帽子边的绒球（图 4-50）。

9. 打开一绣花花边素材，放在帽子花纹上，做出绣花效果（图 4-51）。

10. 用做银色圆片的方法做出耳环，并编辑→变换→变形，调整出所需造型（图 4-52）。

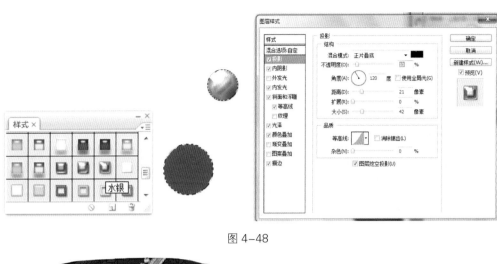

图 4-48

图 4-49

图 4-50

图 4-51　　　　　　　　　图 4-52

11. 打开一个绣花素材，选择需要的部分，单击编辑→拷贝。新建袖口绣花图层，勾选绣花选区，单击编辑→粘入，调整绣花放置部位（图 4-53）。

12. 打开绣花素材，调整大小适合需要放置的部位。关闭绣花图层，勾选肩部选区，在绣花图层选择→反向，删除多余部分即可（图 4-54）。

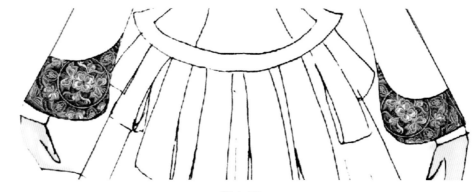

图 4-53

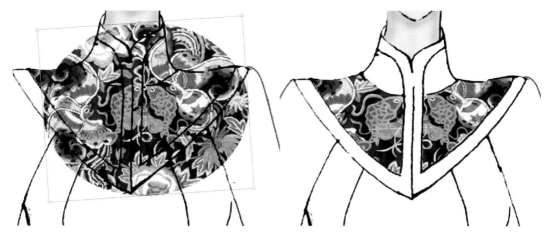

图 4-54

13. 新建镶边图层，填充颜色（图 4-55）。

14. 勾选上衣及裙子，填充黑色。黑色不透明度为 95%（图 4-56）。

15. 打开一绣花素材，调整适合上衣前胸大小。编辑→变换→变形，调整使其具有人体起伏感。勾选胸部部分，在绣花图层单击选择→反向，删除多余部分（图 4-57）。

16. 打开一个花边素材，调整好大小及造型，放在裙腰花边上（图 4-58）。

17. 以同样的方法制作腿部绣花绑腿。关闭绑腿花边图层，勾选绑带（图 4-59）。

18. 绑带填充黑色，打开绑腿花边图层（图 4-60）。

19. 填充脚部及鞋子颜色（图 4-61）。

20. 新建阴影图层，做出服装的光影效果（图 4-62）。

21. 打开花朵素材，抠出花朵。新建银色方块，将花朵放在银色方块上，反选删除多

图 4-55

图 4-56

图 4-57

图 4-58

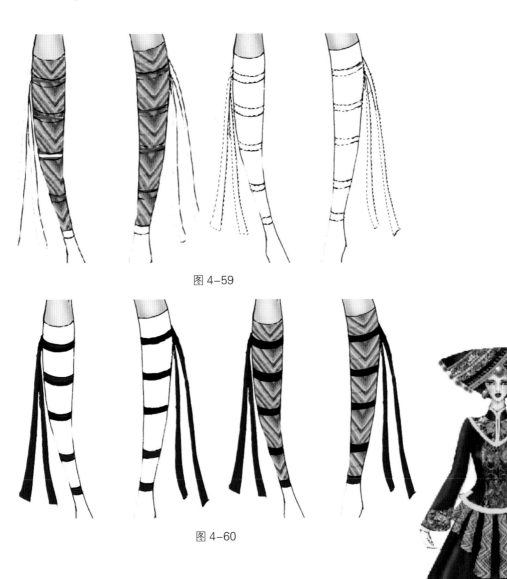

图 4-59

图 4-60

余银色（图 4-63）。

22．删除花朵图层，可看到银色方块变成了花朵造型，用椭圆框选工具画一圆心（图 4-64）。

23．新建组，将银色花朵拉入组内，复制多个银色花朵图层，放置在需要的部位，作为银饰装饰（图 4-65）。

24．将文件另存为另一文件名，得到两个文件。在最上面的图层上单击右键，向下合并可见图层，则所有图层合并为一个图层。双击图层解锁，魔棒选择白色底色，删除。使底色变成透明色（图 4-66）。

图 4-61

图 4-62

图 4-63

图 4-64

图 4-65

图 4-66

25. 打开一个图片素材，将需要部分框选后拉入民族服装文件中。将图片素材放在民族服装图层下，作为背景图片（图 4-67）。

图 4-67

26. 用矩形框选工具做边框，填充黑色（图 4-68）。

图 4-68

27. 在民族服装图层，单击图层样式→投影，做出投影效果（图4-69）。

图 4-69

四、任务拓展

自行设计一款民族服装。

任务 4-5

效果图版式设计

一、任务简介

效果图版式设计是该任务的学习内容。效果图版式设计直接表现出效果图的整体风格，漂亮的排版和合适的背景可以更好地表现时装的风格，使效果图更具有观赏性。

二、任务分析

时装多为一个系列组合，在一张版面上可以放置两个以上的着装人物。人物排列可以统一姿势成直线排列；也可以不同姿势排列成一排；也可以成几何图形进行排列。总之画面可以统一一致；也可以通过几何图形变化使画面平衡且具有动感，人物排列有大小之分，以拉开层次。

三、效果图人体的组合设计

在进行效果图排版的时候，可以根据人物的多少进行排列。具体如图 4-70 所示。

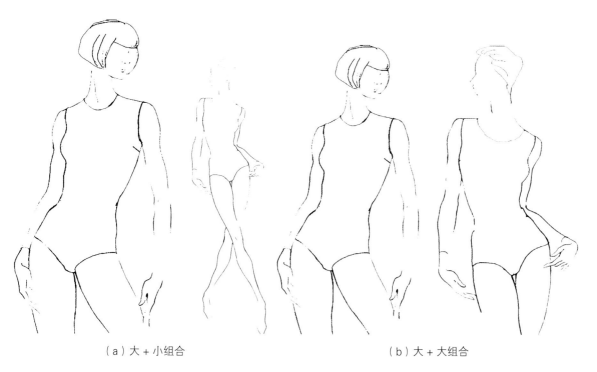

（a）大＋小组合　　　　　　　　　　（b）大＋大组合

图 4-70

（c）倒三角组合

（d）斜线组合

（e）3+1 组合

图 4-70

（f）1+2+1 组合

（g）4+1 组合

图 4-70

（h）3+2 组合

（i）1+3+1 组合

（j）相同人体组合

（k）相同人体倒三角组合

图 4-70

四、效果图版式设计案例欣赏（图 4-71）

（a）

（b）

图 4-71

（c）

（d）

图 4-71

毕业设计

（e）

（f）

图 4-71

五、任务拓展

自行做一个效果图版式设计。